やさしく知りたい先端科学シリーズ8

GIS 地理情報システム

JN024792

創元社

はじめに

「GIS」とは何でしょうか。

それは、私たちがICT環境で見るデジタル地図を支えるしくみであり、「どこで、どこへ、どのように」といった、私たちの空間的な意思決定を支援するツールです。

1990年頃まで、地図は、住宅地図や道路地図など、冊子体の紙地図が主流でした。しかし、現在では、スマートフォンで手軽に見るものであり、ドライブでは、カーナビゲーションが利用されるようになりました。このようなデジタル地図は、指でシームレスに拡大・縮小が可能で、音声認識技術によって、目的地を告げれば、現在地から目的地までの最短経路を詳細に提示してくれます。このように、GISという言葉を知らなくても、皆さんはすでにGISを使いこなしています。

本書は、GISソフトの使い方を解説するマニュアル本ではありません。GISが紙地図からデジタル地図へどのように移行し、どのようなICT環境によって構築されているのかを解説するものです。そして、GISがどのように活用され、よりよい社会の構築のための空間的な意思決定に必須のツールであることを紹介するものです。

では、皆さんも、身近で興味深いGISの世界を楽しんでください。

2021年7月　矢野桂司

Contents

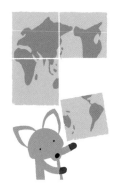

Chapter

2

地図の
基礎知識と
GISの基本

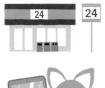

Chapter

5

GISが支える
21世紀の社会

身近なWeb地図とGIS

グーグルマップに代表される Web地図やGPSによる現在地の特定など、私たちの身近なところにGISの技術が活かされています。

01 グーグルマップを支えるGIS

スマートフォン上のデジタル地図

皆さんは、ある目的地に仕事や旅行で向かう場合、どのような情報を用いますか。スマートフォンが普及した現在、多くの人はグーグルマップ（Google Maps）や Yahoo! 地図で目的地を検索して地図上で特定し、現在地から目的地へのルート検索を行うことでしょう。Google Maps や Yahoo! 地図は、鉄道やバスなどの公共交通機関、自動車、徒歩などによる移動手段や地図上での最短ルート、列車の乗り換え情報などを、瞬時に画面上に表示してくれます。

このような、スマートフォンやパソコン上の地図を支えている科学技術が、本書のテーマである「GIS（ジー・アイ・エス、地理情報システム）」です。GIS は、「Geographical Information Systems」の頭文字をとったもので、その起源は、第二次世界大戦後すぐに米国空軍によって開発された、戦闘機のコンピューター上での表示システム（SAGE）とされています。その後、GIS は 1970 年頃から、地理学をはじめとする地図を扱うさまざまな学問分野や、地図を用いる公共・民間分野で、コンピューターの発展とともに進化します。

GISという言葉は知らなくとも

いわゆる「情報」の8割は、時空間的な位置を属性として含んでいます。そのため、スマートフォンのアプリの多くはインターネットからデジタル地図をダウンロードし、GPSなどから現在地の位置情報を取得することで、GISがさまざまな形で活用されています。その結果、GISという言葉を知らなくても、多くの人はGISを使いこなしていることになります。また、カーナビゲーションやお天気サイトの雨雲レーダーによる降雨予測マップなどでもGISが大活躍しています。まずは、身近なスマートフォンやパソコン上で、Google Maps を通して GIS のしくみを理解していくことにしましょう。

スマートフォン画面のデジタル地図に表示された目的地（Google ウェブサイトより）

02 目的地を入力すると その場所がズームされる

紙地図の時代は

デジタル地図が徐々に用いられるようになるのは、インターネットが普及しはじめた1990年代に入ってからのことです。デジタル地図が現れる前は、まず、紙の都市図や冊子の住宅地図などで、目的地の住所情報（たとえば、立命館大学の住所であれば、京都府京都市北区等持院北町56-1）から、京都市北区の広域図、等持院北町という町名、地番の情報をもとに、紙地図上で位置を特定します。そして、出発地から目的地までの経路を選択し、公共交通手段を用いる場合は当該交通機関の時刻表や路線図などを見て、「JR京都駅前から京都市バスに乗って、40分ぐらいで大学キャンパスに到着する」といった旅程を組んできました。

Web上でのデジタル地図の出現

しかし、現在では、この一連の作業はスマートフォンやカーナビゲーションに出発地（自宅や現在地など）と目的地を入力するだけで、経路や乗り換えの地図が表示されます。また、出発時間や到着時間の設定を行うと、最も早く、あるいは最も安く移動するための経路一覧リストも提示してくれます。

皆さんは、Google Maps やカーナビゲーションで、これから向かう目的地の施設名や住所、郵便番号などを入力するだけで、その場所が地図の中心に現れて「ピン」が立つことを不思議に思ったことはありませんか。

これを実現するためには、デジタル地図やGISのいくつかの機能が必要となります。そのひとつは、目的地の住所から地図上の位置を特定することです。その目的地の位置は、地図上では経度と緯度（経緯度）による座標値で特定されます。たとえば、立命館大学の地図上の位置（代表点）は、東経135.723304度・北緯35.032556度で示されます。

GISでは、住所文字列と経緯度の膨大な「対応テーブル（ジオコーダー）」が作成されていて、その対応テーブルを用いることで、住所を入力すれば、その住所の代表点の経緯度が返されます。この変換は「ジオコーディング」、あるいは「アドレスマッチング（→ P.073）」と呼ばれます。「立命館大学衣笠キャンパス」という場所の固有名詞は、日本国京都府京都市北区等持院北町56-1という住所（代表住所）に変換され、さらに、その代表点の東経135.723304度・北緯35.032556度に変換されます。そして、その目的地の経緯度をもとに、デジタル地図が画面上に表示されるのです。

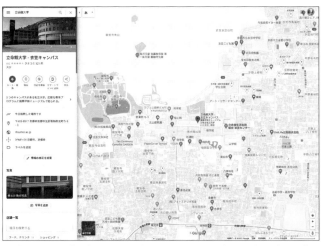

デジタル地図で「立命館大学」を検索すると、地図の中心にピンが立ち、位置が表示される（Google Mapsウェブサイトより）

Web地図を可能にした 「地図タイル」のしくみ

シームレスなデジタル地図

Web 地図では、地球全体の世界地図から 1 軒 1 軒の建物までを、自由につなぎ目なしに、指やマウス操作で拡大縮小したり、京都からニューヨークやロンドンなどに指一本で移動したりできます。なぜ、このように軽快にデジタル地図上を移動できるのでしょうか。

このしくみは、2005 年に Google Maps が開発した新しいデジタル地図の Web 配信を可能にしたもので、「地図タイル（XYZ Tiles）」と呼ばれるものです。もともとこの考えは、米国カリフォルニア州のシリコンバレーで衛星画像や航空写真の地図データを提供していた KeyHall というベンチャー企業が開発したもので、Google は 2004 年にこの企業を買収して、すぐさま Google Maps や Google Earth の技術として採用しました。

この地図タイルのしくみは、メルカトル図法（→ P.038）の世界地図を基準（レベル 0）とし、地表面の領域を 4 分割して、小さく分けていきます。世界地図は大きい 1 つの正方形（タイル）から 4 分割して、徐々に小さな範囲のタイルへと細分化していくことになります。世界地図全体はレベル 0、レベル 1 で 4 分割（2 × 2）、レベル 2 で 16 分割（4 × 4）、レベル 3 で 64 分割（8 × 8）という具合に細分化されます。分割するたびに詳細のレベルの度合いが 1 つずつ上がっていき、建物 1 軒 1 軒がわかるのはレベル 18 ぐらいになります。

固有のIDが与えられる地図タイル

地図タイルでは、詳細の度合いが段階的に異なる複数の画像データを巧妙に組み合わせて、経緯度で特定されるポイント周辺を詳細に描画するという作業がリアルタイムに行われています。

また、地図タイルでは、各レベルの1枚1枚のタイルはすべて256 × 256 ピクセルの画像で保存されており、Google Maps の世界地図のレベル0〜18までのタイル数は、1 + 4 + 16 + 64 + ‥‥‥ + 68,719,476,736 = 91,625,968,981 タイルになります。そして、レベル0の世界地図のタイルの真ん中を横に通る赤道の長さは約4万 km なので、単純には、赤道付近では、レベル18のタイルの1辺は、4万 km ÷ 262,144（$\sqrt{68,719,476,736}$）で約152m となります。

これだけの膨大なタイルは、各レベルとその中での2次元配列で固有のIDが与えられ、世界中の場所は、このIDで特定のスケールでの場所を Web 上で表示することができるのです。

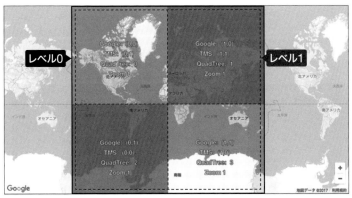

世界地図全体（レベル0）を、赤道と本初子午線で4分割したレベル1を表した XYZ Tiles（地図タイル）（MapTiler ウェブサイトより）

04 さまざまなWeb地図と著作権

地図作製会社のデジタル地図を利用するWeb地図

Google Maps は、検索エンジンの Google が提供する Web 地図です。同様に、Yahoo! や Bing（Microsoft）、中国の Baido（バイドゥ、百度）という検索エンジンは、それぞれ Yahoo! 地図や Bing Maps、百度地図を提供しています。そして、Google Maps によって採用された地図タイルのしくみは、これらの Web 地図でも採用されています。

これらの Web 地図のベースとなる地図は、地図タイルのスケールに対応した空間スケール（縮尺）をもった地図のデジタル画像が用いられます。そこでは、大手検索エンジンは、紙地図を出版してきた地図作製会社が提供するデジタル地図を利用しています。その場合も、地図タイルのレベルや国・地域によって、異なるデジタル地図が利用されています。当然、各地図作製会社は、検索エンジンごとに異なるデザインの地図を提供することになります。それぞれの検索エンジンが提供している Web 地図の右下に、利用しているデジタル地図のクレジットと利用規定が示されているので、一度、確認してみてください。

日本の地図作製会社には、紙地図をデジタルに変換したゼンリンや昭文社などに加え、デジタル地図をベースに参入したマピオン、インクリメント・ピー、NTT 空間データ、トヨタマップなどがあり、各社がしのぎを削っています。

Web地図の著作権とオープンデータの流れ

検索エンジンが提供する民間の Web 地図には、やや厳しい著作権の壁があります。Google Maps を例にとれば、個人が楽しむ範囲で利用する場合は問題ありませんが、会合の案内として Google Maps の一部を紙に印刷して再配布もしくは販売することは、厳密には禁止されています。

こうした著作権の問題を克服するために、Wikipedia（ウィキペディア）のようにボランタリーな（自由意志から発生した）デジタル地図作製の取り組みが全世界的に展開されています。たとえば、OpenStreetMap（OSM、オープンストリートマップ）は、そうしたデジタル地図の代表です。このほか、オープンガバメントの流れの中で、国や地方自治体が作成した多くの地理空間情報がオープンデータ化されており、国土地理院が公開している「地理院地図」はその一例となります。

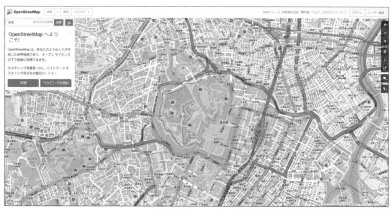

OpenStreetMap は、誰でも自由に参加して、誰でも自由に地図を編集して、誰でも自由に地図を利用することができるボランタリーなデジタル地図（OpenStreetMap Japan ウェブサイトより）

05 「地理院地図」の誕生

国土地理院の役割と取り組み

国土地理院は、大学や研究所が集積するつくば市の学園都市に立地する国土交通省の機関で、日本の位置を定め、国土の地図を作製し、地理空間情報を提供し、その活用を推進しています。そして、頻発する災害から国土と国民の生命・財産を守るために、測量・地図分野の最新技術を活かして、防災に関する取り組みを行っています。

これまで国土地理院は、空中写真や現地調査をもとに、すべての地図の基礎となる「基本図」を作製してきました。1950 年に、実測図としての「2 万 5 千分の 1 地形図」の作製を開始し、その事業は 1983 年に、一部の島嶼を除いて完了しました。そして、2 万 5 千分の 1 地形図をもとに、編集図としての「5 万分の 1 地形図」「20 万分の 1 地勢図」が作製され、「100 万分の 1 の日本Ⅰ・Ⅱ・Ⅲ」「500 万分の 1 の日本とその周辺」が「一般図」として刊行されています。

その後、1980 年代に入り、紙の地形図のデジタル化がはじまり、2003 年に電子国土 Web システムが運用されてからは、GIS ベースの地図作製が進められています。2000 年代に入ると、インターネットの普及によりデジタル地図の利用者が急増し、GPS の出現により高精度の測位が一般化しました。2007 年 5 月に「測量法改正及び地理空間情報活用推進基本法」が制定され、デジタルの地理空間情報を活用するための法的枠組みが構築されました。国土地理院は、この地理空間情報活用推進基本法により、国や地方自治体が

作製した地図を用いて「基盤地図情報」を整備しています。

そして 2009 年から、従来の「2 万 5 千分の 1 地形図」や空中写真等をデジタルデータとした「電子国土基本図」を整備しています。電子国土基本図には、地図情報、オルソ画像、地名情報の 3 種類の情報があり、これらは Web 上の「地理院地図」で閲覧できます。地図情報は「電子地形図 25000」「数値地図（国土基本情報）」としてオンライン提供、またオルソ画像は「空中写真」と「オルソ画像」を刊行、地名情報は自然地名などを「数値地図（国土基本情報）」でオンライン提供しています。

「地理院地図」の使い方

- ● 自宅や職場から外出するときに、目的地までの経路・距離などを調べる
- ● 通勤・通学の経路や職場、学校、地域で活用できる地図を作製する
- ● 自宅や職場周辺の土地の成り立ちや近年の災害を調べ、災害リスクを知る

「地理院地図」で見ることができる地図・写真

標準地図、年代別の写真、標高・土地の凹凸、土地の成り立ち・土地利用、災害伝承・避難場所、基準点・地磁気・地殻変動、近年の災害など

「地理院地図」には、一般家庭から職場や行政・教育現場まで、誰にでも役立つ情報や機能が備わっている

軍事目的で作製された地図

日本のすべての地図の基本となる地図は、国土地理院によって作製されています。地図はもともと軍事目的で作製され、極めて機密性の高いものでした。現在でも、中国では大縮尺の地図は一般に入手することはできませんし、韓国では大縮尺の地図を国外に持ち出すことは法律で禁止されています。

日本では、江戸時代後期の「鎖国」体制下において、伊能忠敬による全国測量が行われました。伊能忠敬は、幕府からの支援を受けて、日本ではじめて実測に基づく正確な日本全図を完成させます。当時、ロシアの船が蝦夷地にたびたび現れるようになり、幕府は北方の守りを固めるために、精確な地図を必要としていたのです。

近代以降、明治から第二次世界大戦まで、日本の地図はドイツからの近代測量（三角測量）に基づいて、陸軍の参謀本部陸地測量部によって作製されてきました。そのため、そこで作製された「2万分の1地形図」や「5万分の1地形図」では、陸軍の歩兵が進行するために必要な地形や土地利用などの地理空間情報が書き込まれていました。第二次世界大戦後は内務省地理調査所に、建設省発足後は建設省地理調査所となり、1960年7月に建設省国土地理院に改称されました。

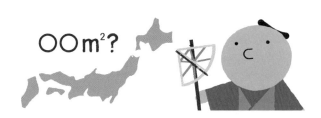

○○m²?

2万分の1正式図

大阪西北部、1911（明治44）年発行
大日本帝国陸地測量部

2万5千分の1地形図

大阪西北部、2018（平成30）年発行
国土地理院

（いずれも、国土地理院ウェブサイトより）

06 GPSによる現在地の特定

精確な位置情報の必要性

スマートフォンで Google Maps を使うときの便利な機能に「現在地の位置情報」があります。携帯電話・スマートフォンでは、GPS、Wi-Fi、Bluetooth、モバイルネットワークなど、あらゆる電波を利用して、現在地を特定することができます。2015 年 6 月の「電波法」改正により、警察（110 番）や消防・救急（119 番）などの緊急電話では、携帯電話・スマートフォンの位置情報が事前通告なしに取得されるようになりました。これは、緊急電話が、位置のわかる固定電話でなく、携帯電話・スマートフォンからの通報が大半となり、通報者がその場所を特定することができなくなったことによります。

GPS（Global Positioning System、全地球測位システム）は、1980 年代に米国によって開発された衛星測位システムです。航空機や船舶を安全に運行するために活用されていますが、インターネットと同様に、もとは軍事目的で開発されたものと言われています。クウェートに侵攻したイラクに対して、米国軍主体の多国籍軍が 1991 年初頭に攻撃を加えた湾岸戦争において、GPS がはじめて実戦で用いられたとされています。イラクの軍事施設のみを空撃した「ピンポイント攻撃」や、「砂漠の嵐作戦」と呼ばれた砂漠地域における前線部隊への後方支援としての物資の輸送などに、精確な位置情報が不可欠でした。その技術が現在、民間利用されています。

準天頂衛星システム「みちびき」の整備

米国が開発した GPS では、2020 年現在、31 機の衛星が飛んでいます。そして、同様の衛星測位システムは、ヨーロッパの Galileo（ガリレオ）（2020 年現在、26 機）、ロシアの GLONASS（グロナス）（2020 年現在、28 機）、日本の「みちびき」（2020 年現在、4 機）、中国の BeiDou（ベイドウ、北斗）（2020 年現在、49 機）などがあります。これらは総称して、GNSS（Global Navigation Satellite System、全球測位衛星システム）と呼ばれます。

原理的には、3 つの衛星からの電波を受信すれば位置を特定できますが、都会のビル街や山に囲まれた場所などではビルや山に邪魔されて、衛星から発信される電波を十分に受けられない場合があります。そのため、できるだけ真上に衛星が位置することが望ましく、日本では、日本列島のほぼ真上に常時 1 機以上の衛星が位置するように準天頂衛星システム「みちびき」を整備しています。2020 年現在、「みちびき」は 4 機が運用されていますが、2023 年には 7 機体制になる計画です。もちろん、GPS や GLONASS、Galileo などの衛星も利用することができます。

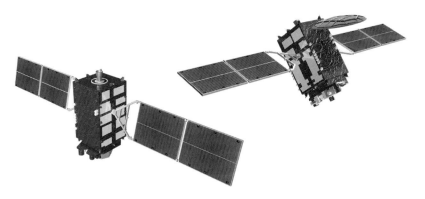

準天頂衛星システム「みちびき」の CG 画像（左：準天頂軌道衛星 2・4 号機、右：静止軌道衛星 3 号機）（内閣府宇宙開発戦略推進事務局みちびきウェブサイトより）

07 | 現在地の精度とデジタル地図

求められる精確な位置の特定

日本の鉄道で、ほんの数分の遅延に対して車掌が謝罪する光景を見て、外国人がびっくりすると言われます。交通機関のダイヤ以外でも、会議や講義の開始時間など、多くの日本人は時間に対して非常に厳格です。その理由のひとつに、多くの日本人が「時間」という共通の基準を共有し、それを検証できる装置（腕時計やスマートフォンなど）を身に付けているためと考えられます。

ではもし、時間と同じように、空間的な位置が高い精度で必要とされるとどうなるでしょうか。たとえば、「18時に渋谷のハチ公前で待ち合わせ」とした場合、GPSによって精確な位置を特定する装置が、時間における腕時計と同じレベルになる可能性があります。「18時に、東経139.70059168537度・北緯35.659043874914度で待ち合わせ」といった厳格さを求められる時代が訪れるのかもしれません。

2020年以降の新型コロナウイルス感染拡大によるコロナ禍において、Uber Eatsや出前館などのオンラインフードデリバリーサービスが広がりました。たとえば、現在、ピザを注文する場合は住所を知らせますが、無人のドローンで配達するようになると、メートルレベルの精度が必要となります。近い将来、配達先は住所ではなく、経緯度で特定されるようになる可能性があります。

数センチメートルの精度に対応する測位

そして、そのような近未来はすでに現実になりつつあります。スマート農業では、リモート撮影された畑の映像を見ながら農薬散布やトラクターによる刈り取りを行いますが、それには数メートルあるいは数センチメートルの精度が要求されます。実際、数年先には、国産準天頂衛星システム「みちびき」のSLAS（サブメーター級測位補強サービス）／CLAS（センチメーター級測位補強サービス）活用システムが運用されます。一般に、GPSなどによる1周波の衛星測位では、誤差は10m程度になると言われていますが、SLASによる誤差は1m以下で、CLASでは数センチメートルの誤差での測位が可能となります。

将来的には、時間の精度を保証する腕時計のように、空間の精度を保証するスマートフォンのような機器を多くの人が持つことになります。そのような時代には、そのような精度に対応するデジタル地図が必要となるのです。

「みちびき」とドローンを活用した複合物流のイメージ

「みちびき」のセンチメーター級測位補強サービス（CLAS）の高精度な位置補正技術を活用して、A地点のトラックの荷台からドローンが離陸して配達先へ着陸。そこで荷物を降ろした後、先に進んでいるトラックに向けて離陸し、B地点でトラックの荷台に着陸するという実証実験が行われている（ゼンリンデータコムのニュースリリースをもとに作成）

位置情報を地図化する Webサービス

航空機や船舶の現在位置をWeb地図上に表示する

公開されたリアルタイムの位置情報を用いて、航空機や船舶、鉄道、バスなどの交通機関を地図化する Web サービスも多くあります。

Flightradar24（フライトレーダー 24）は、飛行中の民間航空機の現在位置をリアルタイムに、地図タイルを用いた Web 地図上に表示するアプリです。ここで用いられている航空機の位置情報は、GPS などの GNSS ではなく、航空機から発信される空中衝突防止装置「ADS-B」の電波を、世界各地の有志や Flightradar24 が設置した受信システムによって受信し、Flightradar24 のサーバーに転送したものをリアルタイム配信しています。

Flightradar24のしくみ

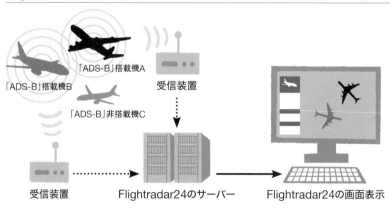

飛行中の民間航空機のうち「ADS-B」搭載機 A、B から発信される電波は、世界各地の有志などが設置した受信装置で受信され、Flightradar24 のサーバーにデータ転送されて、リアルタイムに現在位置が画面表示されるが、「ADS-B」非搭載機 C は表示されない

MarineTraffic（マリントラフィック）は、船舶の位置と動き、港湾内の現在位置に関するリアルタイム情報を提供するWebサイトで、船舶に関する情報データベースでは、建造された場所や事業者名、船舶の寸法や総登録トン数（GRT）、IMO番号などが提供されています。ここで用いられている船舶の位置情報は、ボランティアによって収集された世界140か国以上の18,000を超える自動船舶識別装置（AIS）の情報がMarineTrafficのメインサーバーに転送され、Webサイトを介してリアルタイムで表示されています。

Flightradar24（上）とMarineTraffic（下）のブラウザ版の画面。それぞれの右図はスマートフォン用アプリの画面（Flightradar24〈上〉、MarineTraffic〈下〉ウェブサイトより）

活用される位置情報の地図化

SLAS（サブメーター級測位補強サービス）／ CLAS（センチメーター級測位補強サービス）の高い精度のリアルタイムな位置情報を用いたさまざまなサービスがあります。

たとえば、子どもが一人で通学や遊びに出かけたときや、ひとり歩き高齢者の外出時の位置を、親や家族が確認することのできる見守りサービスがあります。また、モバイルメッセンジャーアプリのLINE（ライン）は、メッセージやテレビ会話だけでなく、自分の現在地を相手に教えて待ち合わせすることができます。

Google Maps の「タイムライン」機能は、Google アカウントにログインして利用すると、毎日の行動履歴が記録され、過去に訪れた場所や移動時間などを詳細に見ることができます。iPhone の「利用頻度の高い場所」も同様の機能です。さらに、iOS に入っている健康管理アプリ「ヘルスケア」と組み合わせれば、ウォーキングやランニングの距離や歩数を表示してくれます。また、多くの車に搭載されているカーナビゲーションでも、走行履歴を記録することができます。これらの機能には、すべて GIS が活用されています。

Google Maps で、外食のためにレストランを検索すると、自宅や現在地からの経路や所要時間を提示するだけでなく、営業時間や料理の写真、口コミなども見ることができます。それに加えて、個人の「タイムライン」を集計することで、利用された曜日ごとの混雑する時間帯のデータが棒グラフで表示されます。これを応用すれば、特定のエリアにおける人の混雑度などもリアルタイムで集計することが可能となります。

このような個人のプライバシーに関わる情報は、利用者がその利便性と危険性を十分に理解したうえで活用することが肝要です。そして、その匿名性が担保されるならば、空間ビッグデータとして、社会のために活用することができます。

SNSを活用した児童の見守り情報配信サービスのしくみ

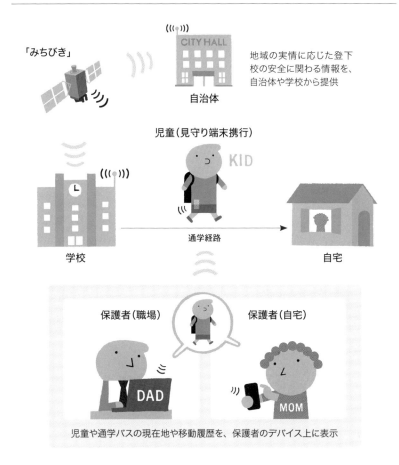

「みちびき」

CITY HALL

地域の実情に応じた登下校の安全に関わる情報を、自治体や学校から提供

自治体

児童（見守り端末携行）

KID

通学経路

学校

自宅

保護者（職場）

保護者（自宅）

DAD

MOM

児童や通学バスの現在地や移動履歴を、保護者のデバイス上に表示

児童が携行する見守り端末（GPS およびビーコン）による位置情報および特定ポイント・エリアでの検知情報を、保護者が LINE やメールを通じて取得する。また、地域の危険箇所情報や不審者情報、災害情報等の防犯・防災に関わる自治体や学校からの情報配信を、同一システム上で提供する（NTT 西日本ニュースリリース資料をもとに作成）

09 地図の歴史とGIS

地図の歴史とデジタル地図の出現

地図の歴史は言語よりも古いと言われます。北イタリアのアルプス山麓の村で発見された紀元前 1500 年頃の岩絵地図や、紀元前 750 〜 500 年に作製されたとされるバビロニアの粘土板地図などが有名です。それらの地図には、当時のその場所の周辺やそこに住む人々の世界観が描かれています。その後、パピルスや皮などに描かれてきた地図は、17 世紀には紙に印刷され、出版されるようになります。

左：ヴァル・カモニカの岩絵群（イタリア政府観光局ウェブサイトより）、右：バビロニアの粘土板地図（Wikipedia より）

では、デジタル地図はいつ出現したのでしょうか。デジタル地図をディスプレイに表示させるためには、コンピューターやモニターが開発されなければなりませんが、GIS の原型となったシステムは、第二次世界大戦後の 1951 年に、米国マサチューセッツ工科大学と

米国国防総省の出資によって設立されたリンカーン研究所で開発された国内全域のレーダー網の半自動式防空管制組織「SAGE」であるとされています。旧ソ連軍の原爆搭載爆撃機を発見・追跡し、要撃するための自動化されたコンピューターシステムでした。

地理学とGISの関係

学問分野における GIS の利用は、コンピューターが研究利用される時期と同じく、第二次世界大戦後しばらく経ってからのことです。物理学を中心とした自然科学分野では、早くからコンピューターの利用が必須でしたが、人文・社会科学分野、すなわち心理学、経済学、社会学そして地理学においても、統計学の進展とともにコンピューターが利用されるようになりました。地表面のさまざまな自然事象・人文事象の状態およびそれらの相互関係を、複合的・総合的な視点から考察する地理学は、大航海時代から伝統的に地図を分析方法に取り入れてきたので、コンピューターによる地図描画は研究テーマのひとつとなっていました。

また、国や自治体、さらには産業界においても、地図は地域情報や資源管理などにおいて大変重要なツールです。1960 年代に入ると、行政機関による GIS 活用の萌芽がカナダで見られます。広大な国土の大半を森林が占めるカナダでは、英国の地理学者ロジャー・トムリンソン（Roger Tomlinson）によって、GIS を用いた森林管理システム「Canada GIS」が開発されました。また、米国では、国勢調査のデータを地図化するものとして、1970 年国勢調査から、DIME（Dual Independent Map Encoding）が開発されました。現在は、TIGER（Topologically Integrated Geographic Encoding and Referencing）として整備され、すべての国勢調査の GIS データがオープンデータとして公開されています。

GISを支える
地理情報科学(GISc)の誕生

欧米における産官学連携のGIS展開

1980 年代後半、欧米では大学と社会との関わりが重要視されていました。米国では、GIS は人類未到の研究課題に挑戦するものであり、その中からは、従来の科学のパラダイム（概念）を変えるほどの独創的かつ画期的な成果が生み出されることが期待されるビッグサイエンスのひとつとして注目されました。そして 1988 年、全米科学財団は、カリフォルニア大学サンタバーバラ校を中心として、最先端の技術や知識を集約した世界屈指の大型施設・国立地理情報分析センター（NCGIA）を設立しました。

ちょうどこの時期に、パソコンの普及による画像処理が一般化しました。また、コンピューターの容量が増大し、処理速度も飛躍的に高速化しはじめ、インターネットが民間利用されはじめた時期に呼応します。米国と英国における GIS の展開は、主に大学の地理学部で展開したために、地理学ではこの現象を、1950 年代後半の地理学における「計量革命」に次いで、「GIS 革命」と呼んでいます。1995 年 4 月、英国の GIS の拠点のひとつであったリーズ大学地理学部で、GIS 研究の第一人者スタン・オープンショー（Stan Openshaw）教授の授業に参加したとき、「The revolution of GIS is over.」と彼はおもむろに板書し、新しい地理学の幕開けを告げていました。

GIS推進者による「ジオコンピュテーション」の提唱

1970年代の地理学は、計量革命以降、物理学を頂点とする科学的な論理実証主義に依拠する計量地理学だけでなく、人文主義、ラディカル地理学、マルクス主義地理学など、多様な地理学が台頭し、社会学の空間論的転回とともに、新しい文化地理学への関心が高まっていました。

GIS革命が起こる1980年代の地理学は、人文地理学と自然地理学の二元論、人文地理学においては、数理・計量地理学と社会地理学などの認識論が混ざり合う混沌とした状態が見られました。そこでの地理学におけるGIS革命は、計量革命以降の数理・計量地理学者らによって推進され、それに対立する文化地理学者らとの論争が繰り広げられました。GIS推進者のスタン・オープンショー教授は、当初から、コンピューターの演算速度やメモリーなどの向上と膨大な地理空間データの出現、AIを活用したスマートな分析手法による「GeoComputation（ジオコンピュテーション）」を提唱していました。これに対して、文化地理学者らは、「GISは道具であって、理論をつくらない。それはハイテクのほんのちょっとした技術革新に過ぎない」と論戦していたわけです。

「地理情報科学」の創出と「ジオテクノロジー」

しかし、コンピューター技術の飛躍的な発展に社会的要請が相まって、GIS は地理学だけでなく、地理空間情報を扱うすべての学問分野と関わる学際的な学問分野としての地理情報科学（GISc）を創出しました。GIS の「S」が、ツールであるシステムの S から、サイエンスの S に変わったのです。膨大な地理空間情報に対して GIS を用いることで、これまで見たことのないような地図が描かれれば、そこから新しい知見が得られるといったことが期待されました。その新しい科学が地理情報科学なのです。

1990 年代後半には、GIS を基盤とする「ジオテクノロジー」は、ナノテクノロジーやバイオテクノロジーと並んで 21 世紀の産業界を支える学問分野であると、科学誌 *Nature* に紹介されています。地理情報科学の発展が新たな GIS 産業を生み出すことになります。

Chapter 2

地図の基礎知識と
GISの基本

GISによるデジタル地図作製には、地図の基礎知識と、GISの定義やデータ構造、機能の理解が必要です。

01 　地図の種類

一般図と主題図

現在、世の中にはさまざまな地図が存在していますが、その描かれている内容や用途から、「一般図」と「主題図」に大別されます。

一般図とは、特定のテーマを持たず、道路、建物、地形、地名、河川、行政界などの、地表面の基本的な情報を描いた地図のことです。国土地理院が作製している地形図のような「基本図」は、一般図の代表と言えます。一般図には、さまざまな縮尺で描かれている地図があり、縮尺によって表示される内容が異なります。

一方、主題図とは、一般図をもとにして、特定のテーマを強調して描いた地図のことです。浸水想定地域が描かれたハザードマップや行政区ごとの人口を示した人口マップなどが主題図となります。主題図の表現手法には、色分けや各種グラフなど、いろいろな方法があるので、主題図を作製する際には、テーマをいかにわかりやすく適切に表現できるかを考えることが必要です。

地図の描画方法

私たちが普段目にする地図の多くは主題図です。たとえば、都道府県別の新型コロナウイルス感染者数の情報は「表」として示すことができます。表を眺めることで、東京都が最も多く、2番目は大阪府ということはわかります。さらに、この数字だけの表を「棒グラフ」に代えて可視化できます。棒グラフを見れば、「東京都は大阪府の約2倍多い」といった量的な比較が可能になります。そして、これらのデータを主題図で表現すると、たとえば、2021年3月19日の都道府県別の新型コロナウイルス感染者数は下図のようになります。この地図から、感染者数の量だけでなく、空間的な位置関係の情報が加わります。

都道府県別の新型コロナウイルス感染者数（2021年3月19日）を示す主題図の例（NHKウェブサイトより）

02 地図の投影法

地図は現実の3次元空間のモデルです。かつては、地球儀のように3次元で地図を作製されてきましたが、通常は、凹凸のある球状の立体（地球）を2次元の平面地図に表現します。3次元の空間を2次元で表現すると、必ずゆがみが生じます。具体的には、面積、角度、距離を同時に正しく表現することはできません。そのために、用途に応じたさまざまな投影法（投影図法）が考案されてきました。

メルカトル図法

16世紀に、フランドル（現在のベルギー）出身の地理学者ゲラルドゥス・メルカトルによって考案された図法です。球体に巻き付けた円筒に地物を投影してつくられる「円筒図法（円筒投影）」の一種です。経線が平行な等間隔の直線、緯線は経線と垂直に交わる直線で描かれ、地球表面のすべての部分の角度が正しく表されるメリットがあります。一方、緯度が高くなるにつれて誇張される欠点があります。メルカトル図法では、地図上の2点を結ぶ直線は等角航路となるため、羅針盤による航海には便利で、大航海時代から海図として利用されてきました。

正距方位図法

正距方位図法は、図の中心から他の1地点を結ぶ直線が、図の中心からの正しい方位、最短経路を表し、図の中心からの距離を正しく求めることができます。北極から見た地球の地図などがこれにあたり、航空機の最短経路や方位を見るために使われています。

モルワイデ図法

19世紀に、ドイツの天文学者・数学者カール・モルワイデが考案した図法です。地球を楕円形にして、北極・南極に近い地方の形のゆがみを少なくしたことが特徴です。また、面積を正確に表した正積図法で、主に、世界全体の分布図などに使用されています。

メルカトル図法

正距方位図法

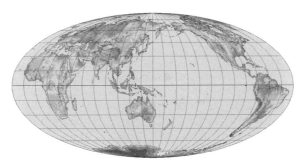

モルワイデ図法

地図の投影法は、その目的・用途によってさまざまなものが考案されてきた（「地図投影法学習のための地図画像素材集」より）

03 地図の表現方法

地図を読む

地図は「見る」ものでなく、「読む」ものです。地図を作製した人は、他者に伝えたい情報を地図に盛り込んでいます。そのため、日本人が英語を理解するためには、その文法を知らなくてはならないように、地図を読むためには、共通の決まりごとを知る必要があります。それは、方位や経度・緯度、縮尺、地図記号などです。

地球の原点

大航海時代の船による移動に際しては、緯度と経度の把握が必要とされていました。赤道を 0 度と設定し、北極または南極を頂点とした上で、地球上における南北の位置を示すのが緯度です。海面に対する太陽や北極星の角度から計測できる緯度に対して、経度の測定は困難を極めていました。地球は北極と南極を結ぶ線を軸として 24 時間で 360 度まわるという自転を繰り返しているために、経度を測るための定点となる目標物が必要でした。

そこで、経度の統一基準をつくるために、1884 年、米国ワシントン D.C. で、英国や日本を含む 25 か国が参加して「国際子午線会議」が開催され、英国ロンドンの東部に位置するグリニッジ天文台を経度 0 度（本初子午線）と定め、そこからの東西それぞれを 180 度で位置を測る尺度となるのが経度と定められたのです。

かつてグリニッジ子午線の基準になっていた、グリニッジ天文台旧本館北面の窓。現在の本初子午線は、この窓の中心から東に約 102.5m の位置を通過している（Wikipedia より）

日本の経緯度原点

1892 年、参謀本部陸地測量部によって、日本における経緯度の原点が、東京都港区麻布台二丁目にあった帝国大学付属東京天文台（現在の国立天文台の前身）に定められました。以降、ここが日本測地系（Tokyo Datum、旧日本測地系）の基準として用いられてきました。旧日本測地系は、四方を海で囲まれ、社会生活が国内ではとんど閉じていたような時代は、特に問題はありませんでした。

ところが、世界的に航空機や船舶の往来が頻繁になり、GPS 等による高精度な測位法が一般化されてくると、日本と世界の測地系の違いが、お互いの位置情報のやり取りの場で支障をきたす恐れが生じてきました。そこで、旧日本測地系に代わって、世界的に標準化されつつあった世界測地系を取り入れることになりました。

そして、2001 年の「測量法」改定を機に、2002 年に世界測地系が導入され、「JGD2000（日本測地系 2000）」と呼ばれる「日本経緯度原点」が定められました。世界測地系は、人工衛星から高度に計測された地球全体の精確な大きさや形状をもとに、国際的に定められた基準となる測地系です。

現在の日本経緯度原点数値は、2011年の東北地方太平洋沖地震（東日本大震災）により東日本を中心として大きな地殻変動が発生したことを受け、以下に改訂されたもので、「JGD2011（日本測地系2011）」と呼ばれます。なお、高さの基準となる水準点は、「東京湾平均海面」が用いられています。

東京都港区麻布台二丁目に位置する日本経緯度原点。基準数値は経度：東経139度44分28秒8869、緯度：北緯35度39分29秒1572に定められている（Wikipediaより）

地図記号

地図には、地表のさまざまな地物が記号として書き込まれています。一般に地図記号は、地形や道路、施設、土地の状況などを表現するためのシンボルマークを指しますが、広義には、等高線や行政界の境界線なども地図記号です。

地図記号も、社会の変化に合わせて「図書館」「博物館」「老人ホーム」や、甚大な自然災害の増加に伴って、過去に発生した津波や洪水、火山災害、土砂災害などの自然災害の情報を伝える石碑やモニュメントを表す「自然災害伝承碑」などが追加されました。一方で、最近ではほとんど見られなくなった、蚕の餌として栽培されてきた桑の「桑畑」を表す地図記号はなくなりました。

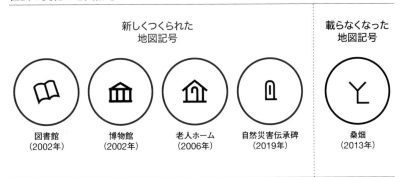

国土地理院が発行する地図に掲載される地図記号には、社会の変化に合わせて新しくつくられたものと載らなくなったものがある（国土地理院ウェブサイトより）

地図上の縮尺と距離

実際の距離を地図上に縮めて表した割合を「縮尺」と呼び、国土地理院の地形図などでは、大きく以下の3つに分類しています。

- ●大縮尺（500分の1、2500分の1、5000分の1）
  建物一つひとつが識別されるレベル
- ●中縮尺（2万5千分の1、5万分の1、20万分の1）
  地形図のレベル
- ●小縮尺（50万分の1、100万分の1、500万分の1）
  地方や日本全体のレベル

2万5千分の1地形図では、4cmが1kmになります。人が歩く速度は時速約4kmなので、2万5千分の1地形図上で、平坦な16cmの距離であれば、1時間ほどで歩けることになります。

04 紙地図からデジタル地図へ

文書作成のデジタル化

紙と鉛筆による文書作成は、1980年代前半、ワープロ専用機のキーボードによる文字入力に変化しました。その結果、一度入力した文章は保存され、漢字変換や文書の削除、コピー、貼り付けなどが容易に行え、好みの文字フォントで原稿用紙にきれいに印刷することができるようになりました。

さらに、インターネットとつながったパソコンが普及しはじめると、パソコン上のさまざまなソフトのひとつとして、ワープロソフトが用いられるようになります。インターネット上の文字や画像を文書の中に取り込むこともでき、インターネットを介して、作成した文書を共有したり公開したりすることもできるようになりました。

デジタル地図への移行

紙地図からデジタル地図への移行は、このような文書のデジタル化と同様に、当初は、地図の修正や印刷工程の省力化が最も重要な目的でした。多色刷りの紙の地形図は、色の異なる等高線、河川、道路、地名などの注記の版を順に印刷することで作製されてきました。1990年代前半からは、それぞれの版をスキャナーでデジタル画像として取り込み、コンピューター上で画像処理によって重ね合わせてプリントアウトすることになり、その後のデジタル地図の更新は、コンピューター上での画像処理で行われるようになります。

このようなデジタル地図への変化は、国土地理院の地形図だけではなく、民間の地図会社が作製する都市地図や冊子体の道路マップなどでも見られました。そして、1980 年代からワープロやパソコンが普及する中で、デジタル地図はフロッピーディスクや CD などの媒体の形で販売され、それを表示させる専用ソフトを使用して閲覧する時代が訪れます。

紙地図からデジタル地図への変遷

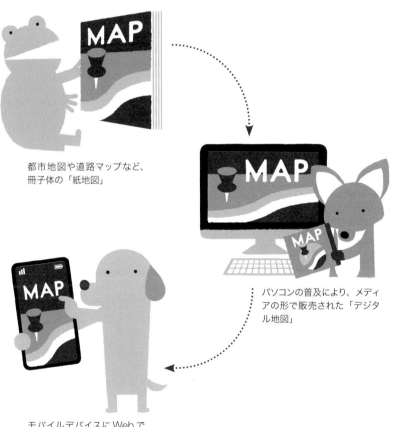

都市地図や道路マップなど、
冊子体の「紙地図」

パソコンの普及により、メディアの形で販売された「デジタル地図」

モバイルデバイスに Web で
配信される「デジタル地図」

05 GISの定義

空間情報から分析・判断する技術

「GIS」という言葉自体は、1960年代前半のカナダ政府による森林管理で使われた「Canada Geographic Information Systems」が最初と言われています。

GISに関しては、さまざまな定義がありますが、国土地理院では、「GISは、地理的位置を手がかりに、位置に関する情報を持ったデータ（空間データ）を総合的に管理・加工し、視覚的に表示し、高度な分析や迅速な判断を可能にする技術である」と定義しています。

また、世界有数のGIS関連企業である米国ESRI社は、「GISは、データを収集、管理、および分析するためのフレームワークです。地理学に基礎を置くGISは、さまざまな種類のデータを統合します。 空間的な場所を分析し、地図と3D地図などを使用して情報のレイヤーを視覚化して整理します。 この独自の機能により、GISはパターン、関係、状況などのデータに対するより深い洞察を明らかにし、利用者がよりスマートな意思決定を行えるようにします」としています。

「地理空間情報活用推進基本法」による定義

GISが扱うデータは、「地理空間情報（Geo-spatial Information）」と呼ばれます。地理空間情報は、地理・空間に関係づけられた情報であり、単に「地理情報」あるいは「空間情報」とも呼ばれます。

2007 年に施行された「地理空間情報活用推進基本法」では、「地理空間情報」は、以下のように定義されています。

一　空間上の特定の地点又は区域の位置を示す情報（当該情報に係る時点に関する情報を含む。以下「位置情報」という。）
二　前号の情報に関連付けられた情報

また、同法において「地理情報システム」は、以下のように定義されています。

地理空間情報の地理的な把握又は分析を可能とするため、電磁的方式により記録された地理空間情報を、電子計算機を使用して電子地図（電磁的方式により記録された地図をいう。以下同じ。）上で一体的に処理する情報システムをいう。

GISの定義に基づくデータ活用の目指すべき方向

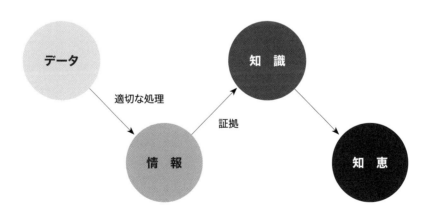

データは原石であり、適切に処理をして情報に変え、証拠とともに知識とし、知恵に変えていかなくてはならない

06 GISのデータ構造

ベクター形式による表現

GISが現実の3次元空間をモデル化する場合は、地表面のようすや地物を、デジタルな点や線、多角形（面）などの幾何学的要素に抽象化する必要があります。すなわち、コンピューターの空間内に置かれる対象は、基本的に点と線の接続関係であるトポロジー（位相幾何学）であり、点、線、多角形で表現されることになります。このようなGISのデータ形式は「ベクター形式」と呼ばれます。

ラスター形式による表現

もうひとつのGISのデータ構造は、従来の紙地図をスキャナーやデジタルカメラで撮影したデジタル画像です。デジタル画像は、スマートフォンのカメラで撮影したものと同じで、画素（ピクセル）の数とその画素のデータで特徴づけられます。従来の紙地図をデジタル化したデジタル画像もGISのデータとなり、その場合、スキャンした紙地図の投影法の情報を画像データに付加する必要があります。これらのGISデータは、Web地図を可能にした「地図タイル」のしくみ（→ P.014）で紹介したデジタル地図となり、このようなGISのデータ形式は「ラスター形式」と呼ばれます。

ベクター形式とラスター形式に大別されるGISのデータ構造の違いは、画像を扱うソフトであるAdobe社のドロー系の「Illustrator（イラストレーター）」で扱うデータと、ペイント系の「Photoshop（フォトショップ）」で扱うデータとの違いとほぼ同じです。

ベクター形式とラスター形式のデータ表現

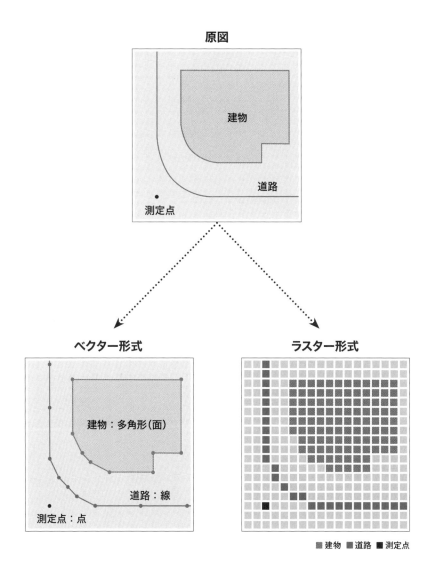

原図

建物

道路

測定点

ベクター形式

建物：多角形（面）

道路：線

測定点：点

ラスター形式

■建物　■道路　■測定点

地図上に建物、道路、測定点がある場合、ベクター形式では、建物は多角形、道路は線、測定点は点で表現される。一方、ラスター形式では、建物、道路、測定点は、それぞれの画素の数と画素の属性で特徴付けられる

点、線、多角形で表現される
ベクター形式

地物のGIS化

ベクター形式の GIS データでは、地表上の地物は、点、線、多角形（面）で表現されます。一般に、小縮尺の地図では、大学や駅などの施設は点、鉄道や道路などは線、行政界や池などは多角形でデジタル化されます。もちろん、同じ地物であっても、空間スケール（縮尺）が異なれば、点や線を多角形で表現することも、多角形を点で表することもできます。たとえば、都市計画で用いられる道路台帳は 500 分の 1 の大縮尺の地図で、道路上の歩道の縁石やマンホールの位置までが多角形で表現されています。

データ構造的には、点は（x,y）の座標値の数値データ、線は 2 つ以上の点とそれを結ぶリンクの集合体、多角形は 3 つ以上の点とそれを結ぶリンクから構成され、始点と終点が一致した閉じたリンクの集合体になります。ここでの（x,y）の座標値は、世界測定系で紹介した経緯度であったり、投影法によっては、定義された平面直角座標系の原点からの距離であったりします。また、地図作成者が任意に座標系を設定することもできます。

ベクター形式のデータ構造

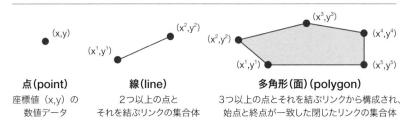

点（point）	線（line）	多角形（面）（polygon）
座標値（x,y）の 数値データ	2つ以上の点と それを結ぶリンクの集合体	3つ以上の点とそれを結ぶリンクから構成され、 始点と終点が一致した閉じたリンクの集合体

JR 東京駅周辺を地理院地図のベクトルタイルで見ると、この地図は空中写真で見えている地物を点、線、多角形にしたもので、空間スケールは 2500 分の 1 レベルになっています。東京駅の駅舎や丸の内の建物などは多角形、鉄道路線は線、地図記号で示された警察署（×）や郵便局（〒）などは点で表現されています。

また、この地図上では、東京駅の北側に 3 本、南側には 4 本の鉄道路線が延びています。実際はもっと多くの鉄道路線が存在していますが、簡略化して描かれています。このように、縮尺上の制限から、必要度に応じて細かいものや密集したものを簡略化して表示することを「総描」と言います。

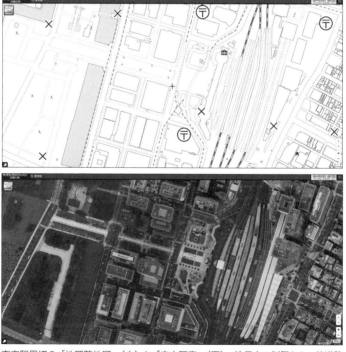

東京駅周辺の「地理院地図」（上）と「空中写真」（下）。縮尺上の制限から、鉄道路線は簡略化して表示されている（国土地理院ウェブサイトより）

同じサイズの画素で 敷き詰めたラスター形式

甲子園の人文字

もうひとつの GIS データの形式は、ラスター形式です。ラスターとは、ラテン語で「熊手でなぞった線状」のことで、テレビ画面の走査線も「ラスター」と呼ばれます。

甲子園球場で開催される高校野球では、アルプススタンドで人が縦横に整列し、表裏が色の異なるパネルを頭上に掲げることで、遠くから見ると文字や絵として認識される応援があります。かつて、西宮青年会議所が中心となって、「郷土愛を育てる取り組み」として、夏の高校野球大会の開会式のときに、大会を盛り上げるとともに西宮市を PR するために、甲子園球場のライトスタンドで人文字をつくっていました。このときの「ようこそ」「甲子園へ」「ようこそ」「西宮市へ」の 1 文字が、約 200 名（縦 15 人、横 14 人）で構成されていたとのことです。

かつて、夏の高校野球大会の開会式のときにつくられていた甲子園球場の人文字（西宮青年会議所ウェブサイトより）

ラスター形式の GIS データは、原理的には甲子園の人文字と同じで、地表面のある矩形の範囲を同じサイズの画素（ピクセル）で敷き詰めたものです。そして、ラスターデータは、その矩形の範囲の経緯度による位置とその画素のサイズ、縦方向と横方向の画素数、さらにその画素数に蓄えられる情報量で定義されます。

2進法に基づく情報処理

コンピューターでは2進法に基づいて情報が処理されます。その情報量は「電流を流す（ON）／流さない（OFF）」の2値（0と1）が基本となり、これをデジタルデータの最小単位である「1ビット（bit）」と呼びます。8ビットは「1バイト（byte）」と呼ばれ、1バイトで256（2の8乗）種類の情報を表現できます。

文書データであれば、8ビット256種類で半角の数字・文字を対応させることができます。そのテーブルが「ASCII コード」です。英語の場合、アルファベット26文字、0～9の数字、カンマやコロンなどの記号を含めても256種類に収まりますが、日本語や中国語の場合、漢字や平仮名など、文字の種類が多いため、1バイトで収めることができず、2バイト、すなわち256の2乗の65,536種類で対応させます。

画像データであれば、モノクロの場合は、白と黒で0と1の1ビットあれば情報を保存できますが、1バイトを用いて、0～255の値でモノトーン（グレースケール）を表現することができます。カラーの場合は、光の三原色である赤（Red）、緑（Green）、青（Blue）それぞれに1バイトを用意して、それら3つを混ぜ合わせることで、256 × 256 × 256 = 16,777,216 種類の色を表現することができます。これを「RGB のフルカラー」と呼んでいます。

画像の4隅に経緯度情報を加える

スマートフォンのデジカメ機能で撮影したデジタル画像で、「1億画素」といった言葉が使われますが、正確には、1億800万画素（1万2032×9024ピクセル）で、RGB＋補助的チャンネルで4つのデータが用いられます。1枚のデジタル写真のデータ量は、単純には、4バイト×1億800万（108メガバイト）になります。これは一般に、ビットマップ（BTM）形式となりますが、画素数が増えればそれに伴ってデータ量は増加します。

このような大きな画像ファイルに対しては、いくつかの圧縮方法が考案されています。信号やデータを一定の規則に基づいて変換することを「エンコーディング」と言いますが、よく耳にするJPEG形式は、一部の情報をエンコーディングする「非可逆圧縮形式」で、イメージに復元された場合、もとの正確な表現にはなりませんが、圧縮率が高い圧縮形式です。これに対して、すべての情報をエンコーディングする「ロスレス圧縮形式」には、PNG、GIF、TIFFといった画像ファイルの圧縮形式があります。

GIS上では、この画素の大きさは、経緯度や長さの単位（mなど）で与えられ、その画素が敷き詰められた四角形の4隅の経緯度で全体の範囲が特定され、他の地図との重ね合わせが行えるようになります。最も一般的なラスター形式のGISデータは、空中写真、衛星画像などであり、従来の紙地図をスキャナーで読み込んだデジタル地図もラスター形式となります。たとえば、通常のTIFF形式の画像の4隅に経緯度情報を加えたものは、GeoTIFF形式と呼ばれ、標準的なGISソフトで簡単にその画像を取り込むことが可能となります。

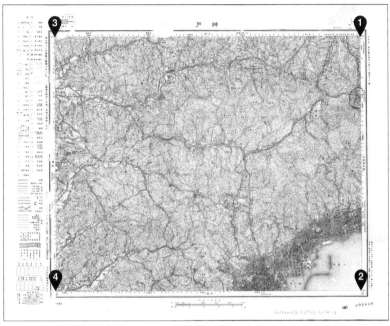

五万分一地形図『神戸』(スタンフォード大学所蔵)。戦後、米国に接収された旧版地形図

	経度	経度
1	135.2501	34.83657
2	135.2501	34.66992
3	135.0001	34.83656
4	135.0001	34.66992

五万分一地形図『神戸』の画像(TIFF形式)の4隅に上表の経緯度情報を加えたものは、他の地図との重ね合わせが行えるGeoTIFF形式の画像として扱うことができる

055

ベクター形式と
ラスター形式の違い

ラスター形式の解像度の違いによる見え方の違い

ベクター形式とラスター形式は、まったく異なる GIS データの構造のように思われますが、コンピューターの画面上で、ある地物をベクター形式とラスター形式で表現すると、両者はほぼ同じに見えるようになります。

たとえば、立命館大学衣笠キャンパスの建物は、ベクター形式では多角形（面、ポリゴン）として特定されますが、ラスター形式では解像度によって異なる表現になります。ラスター形式の 1 つの画素を 25m、10m、1m、0.1m としたときの地図を比較するとわかるように、解像度が異なれば見え方が異なり、より高い解像度とした場合、ベクター形式とラスター形式にほとんど差は見られません。

点の数や解像度で変化するデータ量

では、両者のデータ量はどちらが大きいでしょうか。たとえば、右ページに示した立命館大学衣笠キャンパスの建物のベクター形式のファイルサイズは約 45.6KB です。一方、ラスター形式の場合は、TIFF 形式として、25m の解像度で 5.28KB、10m の解像度で 6.12KB、1m の解像度で 17.0KB、0.1m の解像度で 457.0KB になり、解像度が高くなると指数関数的にファイルサイズは大きくなります。一般的には、解像度の高いラスター形式のほうがベクター形式よりもファイルサイズは大きい傾向にありますが、ベクター形式でも点の数を膨大に増やせばファイルサイズは大きくなります。

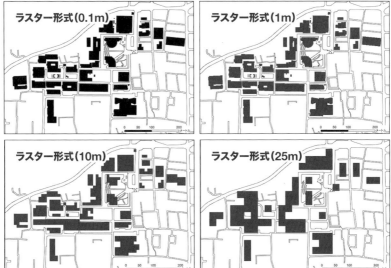

ベクター形式で表現した立命館大学衣笠キャンパスの建物に対して、1つの画素を0.1mとした高解像度のラスター形式では、ほぼ同じに表現されるが、1つの画素が1m、10m、25mのように解像度が低くなると、見え方が異なる（上：ベクター形式、中左：ラスター形式〈0.1m〉、中右：ラスター形式〈1m〉、下左：ラスター形式〈10m〉、下右：ラスター形式〈25m〉）（ArcGIS〈ESRI〉を用いて筆者作製）

　GISソフトを用いれば、ベクター形式から、任意の解像度のラスター形式へ変換することができます。また、ラスター形式からベクター形式へ変換することもできますが、その場合は、四角形の画素の辺に沿って線を発生させる方法と、画素の中心を計算して滑らかに線を発生させる方法を選択することができます。

国土を網目で区分する
地域メッシュ

日本の地域メッシュ

「メッシュ」とは網目の意味で、網目の一つひとつは、基本的には四角形の多角形ですが、メッシュ全体は、ラスター形式の画素のように、縦横に配列されたものになります。

日本の地域メッシュは、1973年に当時の行政管理庁が定義したもので、国勢調査などの統計を地図化するために、経緯度に基づいて日本の国土をほぼ同じ大きさの網目の四角形で区分したものです。標準地域メッシュコードは、国土地理院が発行してきた地形図の図郭とも対応しており、1次メッシュは20万分の1地勢図に対応し、縦（緯度の間隔）が40分、横（経度の間隔）が1度のメッシュとなります。1次メッシュのコードは4けたから成り、その上2けたは当該区画の南端緯度を1.5倍した整数値とし、その下2けたは西端経度の整数値の下2けたと同じ値として定義されています。

そして、1次メッシュの東西・南北それぞれを8等分したものは2万5千分の1地形図に対応し、縦が5分、横が7分30秒の2次メッシュとなります。さらに、2次メッシュの東西・南北それぞれを10等分した、縦が30秒、横が45秒のものが3次メッシュとなり、これは「基準地域メッシュ」と呼ばれます。また、基準地域メッシュは、一辺が約1km、面積が約1㎢であることから、「1kmメッシュ」と呼ばれることもあります。

さらに、この3次メッシュ（基準地域メッシュ、1km メッシュ）を縦横2分割したメッシュは、4次メッシュあるいは基準地域メッシュに対して「分割地域メッシュ（2分の1地域メッシュ、500mメッシュ）」と呼ばれます。また最近では、4次メッシュの縦横を2分割した5次メッシュ（4分の1地域メッシュ、250m メッシュ）、5次メッシュの縦横を2分割した6次メッシュ（8分の1地域メッシュ、125m メッシュ）が設定されています。

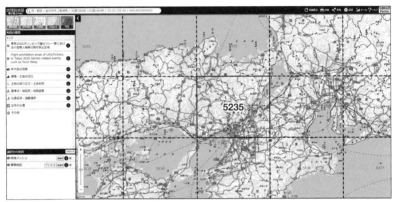

20万分の1地勢図「京都及び大阪」の南西隅は、東経135度・北緯34度40分。この南端緯度の値を1.5倍した整数値「52」と、西端経度の整数値の下2けたの値「35」で、このエリアの1次メッシュコードは「5235」となる（「地理院地図」〈国土地理院〉を用いて作製）

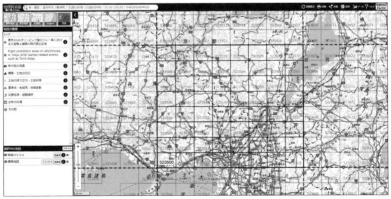

1次メッシュの東西・南北それぞれを8等分したものは2万5千分の1地形図に対応し、縦が5分、横が7分30秒の2次メッシュとなる（「地理院地図」〈国土地理院〉を用いて作製）

地域メッシュ区分

	緯度の間隔	経度の間隔	一辺の長さ	メッシュコード桁数	地理院地図との関係
1次メッシュ	40分	1度	約80km	4けた	20万分の1地勢図
2次メッシュ	5分	7分30秒	約10km	6けた	2万5千分の1地形図
3次メッシュ	30秒	45秒	約1km	8けた	
4次メッシュ	15秒	22.5秒	約500m	9けた	
5次メッシュ	7.5秒	11.25秒	約250m	10けた	
6次メッシュ	3.75秒	5.625秒	約125m	11けた	

国土地理院、総務省統計局ウェブサイトをもとに作成

北と南で異なるメッシュの辺の長さと面積

現実の空間では、経緯度による四角形は正方形ではなく、上辺が底辺より短い台形に近い形になります。また、北に行くほど経度の間隔は狭くなるため、日本のように南北に長い領土では、北と南では辺の長さも面積も異なります。たとえば、北の北海道庁を含む3次メッシュと南の沖縄県庁を含む3次メッシュとでは、次のような大きな違いがあります。

エリア	上辺	底辺	左辺	右辺	面積
北海道庁を含む3次メッシュ	1.019683km	1.019813km	0.924403km	0.924403km	0.942658km²
沖縄県庁を含む3次メッシュ	1.280004km	1.28013km	0.901006km	0.901006km	1.153348km²

北海道庁を含む3次メッシュ

北海道庁を含む3次メッシュは、上辺：1.019683km、底辺：1.019813km、左辺：0.924403km、右辺：0.924403km、面積：0.942658k㎡となる（「地理院地図」〈国土地理院〉を用いて作製）

沖縄県庁を含む3次メッシュ

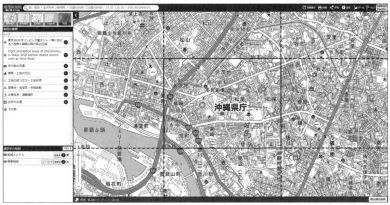

沖縄県庁を含む3次メッシュは、上辺：1.280004km、底辺：1.28013km、左辺：0.901006km、右辺：0.901006km、面積：1.153348k㎡となる（「地理院地図」〈国土地理院〉を用いて作製）

11 さまざまなGISソフト

GISソフトのグローバルスタンダード「ArcGIS」

これまで述べてきた GIS の操作を実際に行う場合は、GIS に特化した専用の GIS ソフトが必要となります。現在、さまざまな有償・無償の GIS ソフトを利用することができ、インターネット上でも複数の WebGIS が利用可能ですが、それぞれの長所・短所を見極めて利用していくことが肝要です。

有償の GIS ソフトのグローバルスタンダードは、米国 ESRI 社の「ArcGIS」です。ESRI 社は、ハーバード大学の大学院生で GIS を用いたランドスケープ・アーキテクトであった、ジャック・デンジャモンド（Jack Dangermond）によって 1969 年に設立されたベンチャー企業で、1965 年にハーバード大学に設立された Harvard Laboratory for Computer Graphics and Spatial Analysis で開発された GIS ソフト「Odyssey」をベースに事業を行い、1982 年に世界最初の商用 GIS ソフト「ARC/INFO」をリリースしました。当時は、ワークステーションで稼働し、ハードも含めて極めて高額なものでした。

その後、ベクターデータあるいはラスターデータのいずれかに特化したさまざまな GIS ソフトが開発されています。

さまざまなGISソフト

GISソフト名	提供元	動作環境	有償／無償	特徴・その他
ArcMap (ArcGIS)	ESRI	Windows	有償	ArcGISで使用される主要なデスクトップアプリ。一般的なGISタスクから、特殊なタスクを実行するためにも使用される
ArcGIS Pro	ESRI	Windows／Web	有償	ArcMapの後継的な位置づけで、GISプロフェッショナル向けのデスクトップアプリ
ArcGIS Online	ESRI	Web	有償／無償	地図を作製、利用、管理するポータル環境を提供するクラウドGIS
SIS	インフォマティクス	Windows	有償	地図の作製・編集、空間解析から、アプリケーション開発までこなせる高い拡張性を持つ
地図太郎PLUS	東京カートグラフィック	Windows	有償	基本的機能を多数搭載しながら、シンプルな操作性と低価格を実現
QGIS	QGIS Development Team	Windows／Mac	無償	ボランティアにより運営されるプロジェクトで、フリーアンドオープンソースソフトウェアの上に構築されているGISアプリ
GRASS GIS	GRASS Development Team	Windows／Mac	無償	ラスターイメージや位相空間ベクトル、画像処理などを行う、フリーのオープンソースGISソフトウェア
Mandara	埼玉大学 谷謙二教授	Windows	無償	エクセルで作成した地域統計データを地図化することに適する。2000年からは、インターネット上で公開されている
カシミール3D	DAN杉本	Windows	無償	地図ブラウザ機能を基本に、GPSデータビューワ・編集機能などを搭載した3D地図ナビゲーター。登山者向けの山岳地図作製に定評がある
地理院地図 (電子国土Web)	国土地理院	Web	無償	日本の国土のようすを発信するWeb地図。3次元で見ることもでき、地形断面図の作成や新旧の写真を比較する機能なども備えている

GISの基本的機能
「主題図作製」

地図データと属性データの関連付け

GIS の最も基本的な機能は主題図の作製です。2020 年 4 月以降、毎日のようにニュースで取り上げられる、都道府県別新型コロナウイルス感染者数の主題図も GIS で作製できます。必要なものは、都道府県境域のベクターからなる白地図の GIS データと、都道府県を空間単位とした地理行列（属性テーブル）です。

米国 ESRI 社から提供されている GIS ソフトで、マッピング・編集・解析、およびデータ管理に使用する主要なアプリケーションである「ArcMap」を用いて、都道府県別新型コロナウイルス感染者数の主題図を作製する手順を見てみましょう。

まず、属性データに関しては、「都道府県別新型コロナウイルス感染者数マップ」（ジャッグジャパン提供）から、2020 年 1 月から 11 月末日までの間の日本での検査によって感染者と判明したもののうち、居住地が日本の都道府県別感染者をダウンロードします。

すると、Excel ワークシートの行方向に「対象（レコード）」が、列方向に「変数（フィールド）」が配置されます。一般的には、表の 1 行目にはフィールド名が掲げられます。この場合、行方向に北海道から沖縄県までの 47 件のレコードが、列方向に都道府県名と感染者数（人）、都道府県別面積（㎢）、都道府県別人口（2015 年国勢調査）などのフィールドが配置されることになります。

地理学ではこのデータ行列のことを、「地理行列（属性テーブル）」と呼んでいます。そして、地図データに関しては、各都道府県境域の 47 の多角形（島嶼は都道府県に含まれています）から構成されています。GIS ソフトは、この地図データと属性データ（地理行列）をリレーショナルに関連づけることで、主題図を作製することができきます。

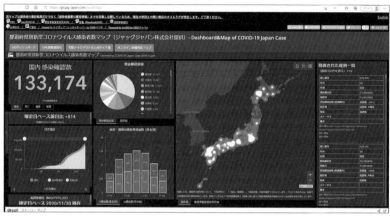

「都道府県別新型コロナウイルス感染者数マップ」（ジャッグジャパン株式会社提供）※マップの更新は、2020 年 11 月末で終了している

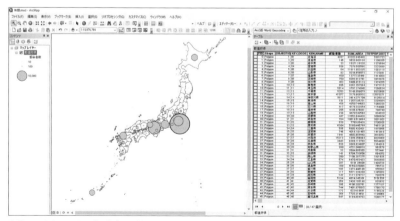

GIS ソフトを用いた、都道府県別新型コロナ感染者数の主題図作製。画面左が地図データ、画面右が地理行列（属性データ）（ArcMap〈ESRI〉を用いて筆者作製）

13 「主題図作製」今昔

手描きによる主題図の作製

かつて、大学の地理学実習の代表的な課題は、主題図の作製と空中写真の判読でした。コンピューターのない時代、主題図の作製はすべて手描きで行っていました。たとえば、「都道府県別の65歳以上高齢者人口比率の階級区分図」を作製する場合、当時は、図書館の分厚い『国勢調査報告』から、各都道府県の総人口、年齢階級別人口、面積などを集計用紙に転記して、比率や単位面積当たりの値を電卓で計算しました。さらに、その値の最大値、最小値、中央値、平均、標準偏差などの統計量を計算しました。

次に、高齢者人口比率をどのような階級区分図で描くかという意思決定を行います。具体的には、階級をいくつにするか、どのような階級区分方法を用いるか、それぞれの階級をどのような色やパターンで着色するかということを考えます。そして、たとえば、5つの階級区分で高齢者人口比率を地図化することを考えると、まず、高齢者人口比率を昇順に並べ、それぞれの階級に入る都道府県の数がほぼ同じになるように、9都道府県が3区分、10都道府県が2区分に、47都道府県を分け、値の低い階級から値の高い階級へのグラデーションで色塗りを行って仕上げます。大学の地理学実習では、階級区分図として色塗りする都道府県の地図は、A4サイズくらいの紙の白地図を用意します。市販の白地図もありますが、都道府県の境界線の含まれる、日本の全体地図にトレーシングペーパーをかぶせ、烏口のペンやロットリングでそれらをなぞって、いちから白地図を作製することもよくありました。

パソコンとGISソフトが激変させた主題図の作製

『国勢調査報告』からデータを書き写し、電卓で比率や統計量を計算して、白地図を色塗りするまでの作業に1週間かかる課題でした。しかし現在では、この一連の作業は、インターネット上から国勢調査のデータをダウンロードして、Excelに取り込んでデータベース化し、関数式を用いると、瞬時に統計量を計算することができます。また、GISソフトを用いれば、階級区分数、階級区分方法、色やパターンを自由自在に変えることができます。

『地図は嘘つきである』（マーク・モンモニア著）にもあるように、同じ主題図であっても、その地図表現方法が異なれば、まったく異なった印象の地図をいくつも作製することができます。相手に伝えたい情報を的確に地図化するためには、さまざまな地図表現方法の長所・短所を理解したうえでの地図デザインが求められます。

14 GISデータのWeb配信

インターネット上に提供されているGISデータ

紙地図と異なるデジタル地図の大きな特徴は、インターネット上で流通させることができる点です。Google Maps のように WebGIS としてのデジタル地図だけでなく、GIS ソフトで利活用可能な膨大な GIS データが、ダウンロードできる状態でインターネット上に提供されています。さらに最近では、ESRI 社の「ArcGIS Online」や、産官学で推進する「G 空間情報センター」などの GIS データのポータルサイトが構築されており、それらから、さまざまな GIS データを簡単にダウンロードして、重ね合わせていくことができます。

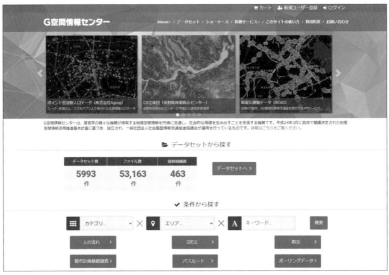

産官学のさまざまな機関が保有する地理空間情報を円滑に流通させて、社会的な価値を生み出すことを支援する（G 空間情報センターウェブサイトより）

公共データのオープンデータ化

2013年6月に英国で開催されたG8首脳会合で、各国首脳が「オープンデータ憲章」に合意しました。その後、日本では、地域課題の解決や行政の効率化、官民の協働につながることを期待し、国や自治体などが保有する公共データのオープンデータ化、およびオープンデータの利活用を推進、eガバメントの実現を進めています。

国や自治体などの公共データは地域に関する情報が多く、GISとの親和性が非常に高い地理空間情報が多くを占めます。日本では、国土地理院が「地理空間情報活用推進基本法」の施行（2007年）に合わせて、デジタル地図の作製とともに、これまで国土地理院が作製してきた地図や空中写真の地理空間情報をオープンデータとして公開するようになりました。それらは「基盤地図情報」と呼ばれ、電子地図における位置の基準となる情報です。基盤地図情報と位置が同じ地理空間情報を、国や地方公共団体、民間事業者等のさまざまな関係者が整備することにより、それぞれの地理空間情報を正しくつなぎ合わせたり、重ね合わせたりすることができるようになります。

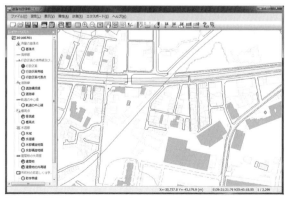

「基盤地図情報ビューア」での表示イメージ（国土地理院ウェブサイトより）

基盤地図情報には、「基本項目」「数値標高モデル」「ジオイド・モデル」の3種類があり、利用者登録すれば、無償でダウンロードすることができます。「地理空間情報活用推進基本法」では、基盤地図情報は「測量の基準点」「海岸線」「公共施設の境界線（道路区域界）」「公共施設の境界線（河川区域界）」「行政区画の境界線及び代表点」「道路縁」「河川堤防の表法肩の法線」「軌道の中心線」「標高点」「水涯線（陸部と水部を区画する水ぎわの境）」「建築物の外周線」「市町村の町若しくは字の境界線及び代表点」「街区の境界線及び代表点」の全13項目を「基本項目」として整備することと定められています。このうち、現在ダウンロードで提供されるデータは、「公共施設の境界線（道路区域界）」「公共施設の境界線（河川区域界）」「河川堤防の表法肩の法線」の3項目を除いた、10項目となります。

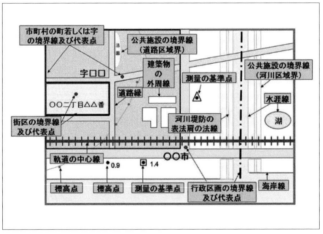

「地理空間情報活用推進基本法」で「基本項目」として整備することと定められている全13項目の例（国土地理院ウェブサイトより）

進化する
GIS機能の活用

デジタル技術の発展と社会の
ニーズの高度化により進化す
る GIS の機能は、コンビニ
の新規出店計画にも活かされ
ています。

点データによる
コンビニの立地分析

コンビニの住所付きリスト一覧

Chapter 3 では、京都市内のコンビニエンスストア（以下、コンビニ）の立地分析を事例に、GIS の基本的機能を紹介します。具体的には、京都市内のコンビニを点データとして特定し、分析します。

まず、2015 年のタウンページに掲載されたコンビニのリスト一覧を作成します。そのリストには、店舗名、住所、チェーン名が属性として整理されています。そして、アドレスマッチングを用いて、住所からその場所の点データを発生させるために経緯度を特定します。その結果、下図のような 2015 年の京都市内のコンビニの GIS データベースが完成します。

2015 年のタウンページに掲載された京都市内のコンビニのリスト一覧の例（ArcGIS〈ESRI〉を用いて筆者作成）

アドレスマッチング

ここでのアドレスマッチングは、① ArcGIS のジオコーダーと、② Geocoding and Mapping を用いて行いました。入力住所は、地番が全角や半角の数字が混在したり、京都市の場合は、町名の前に昔からの通り名がついたりする「揺らぎ」が見られます。これらを住所辞書に合わせるために、プログラムで自動的に正規化が行われます。

また、ジオコーダーにも得手不得手があり、適切に経緯度に変換されない場合もあります。さらに、リスト化された住所に間違いがあるかもしれません。一般的に、どのようなジオコーディングを用いても、5% くらいはうまく住所を特定できない場合があります。そのため、最終的には、Google Maps やゼンリンの住宅地図で、あるいは現地調査を実施するなりして、位置確認を行う必要があります。今日では、Google Maps のストリートビューで確認することもできます。

パイグラフによる
点パターン分析

京都市内のコンビニ分布と人口規模の関係

2015年のタウンページによると、京都市内には640軒のコンビニがありました。大手チェーンの内訳は、ローソン（180軒）、セブン‐イレブン（170軒）、ファミリーマート（156軒）が拮抗し、4番目のサークルK・サンクス（76軒）は、2016年9月にファミリーマートに継承されることになります。また、4チェーン以外のその他は58軒となります。これらのコンビニ店舗の点データを京都市内11区で集計し、パイの大きさを各区内の店舗総数に対応させたチェーンごとの割合をパイグラフで可視化した主題図が下図です。

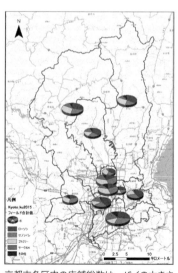

京都市各区内の店舗総数は、パイの大きさで可視化されるので、伏見区に最も多くのコンビニ店舗があることがわかる（ArcGIS〈ESRI〉を用いて筆者作製）

また、各11区の人口規模と3つの年齢階級（14歳未満の年少人口、15～64歳の生産年齢人口、65歳以上の高齢者人口）の割合をパイグラフで可視化した主題図が右図です。ただし、ここでの人口は国勢調査によるもので、そこに居住している夜間人口となります。居住地と就業地や通学地は異なる場合が多いため、昼間人口とは大きく異なります。

各11区の空間単位とコンビニの店舗数が人口規模と対応しているかを見るために、総人口と店舗数

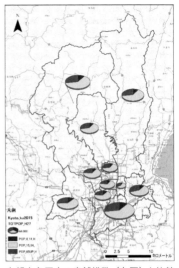

京都市各区内の店舗総数（左図）と比較すると、京都市中心部に居住している夜間人口が少ないことがわかる（ArcGIS〈ESRI〉を用いて筆者作製）

の関係を見ると、基本的には、コンビニの総店舗数では、人口と高い相関関係が見られます。一方、チェーンごとの店舗数と人口の相関を見ると、セブン-イレブンやローソンは店舗数と人口の相関が高い傾向にありますが、ファミリーマートは人口との関係は弱く、人口の少ない中京区や下京区で相対的に店舗数が多い傾向が見られます。また、サークルK・サンクスでは、相対的に南区と中京区で多く、西京区と山科区で少ない状況にあります。このような傾向は、各チェーンの進出場所の戦略に大きく関係することを示唆します。しかし、11区という空間単位で集計された関連性は、地理学では「生態学的誤謬」と呼ばれ、同じデータであっても、集計空間単位が異なれば相関関係も変わります。店舗レベルの関連性とは異なります。

点パターンの空間的分布傾向

空間的分布の指標化

コンビニ店舗の空間的分布は、一つひとつの店舗を点のベクターデータとして特定し、それらの点の分布を GIS で分析することによって明らかにすることができます。アドレスマッチングを通して特定された、一つひとつの店舗の空間的分布を見てみましょう。

京都市内のコンビニ店舗の空間的分布の特徴を示す統計量として、「地理的中心（重心）」「標準距離」「標準偏差楕円」といった空間的な指標があります。これらの指標は、京都市内のコンビニ店舗が市内に広く分布しているのか、あるいは偏って分布しているのかをマクロに示すものです。ここでは、コンビニ全体のこれらの指標と、ローソン、セブン - イレブン、ファミリーマートの空間的分布を地図化しています。

コンビニ全体の地理的中心は堀川五条あたりにあり、ローソンの地理的中心もその近傍にあります。セブン - イレブンの地理的中心は、コンビニ全体から約 370m 南に、ファミリーマートは約 800m 北北西にずれています。また、標準距離は、ローソンが 5,034.7m、セブン - イレブンが 4,872.8m、ファミリーマートが 4,798.7m と、ローソンがやや広く分布していることがわかります。そして、標準偏差楕円からは、いずれのチェーンも東西よりも南北に若干広く分布し、ローソンの長軸がほんの少し東へ、ファミリーマートの長軸がほんの少し西へ傾いていることがわかります。

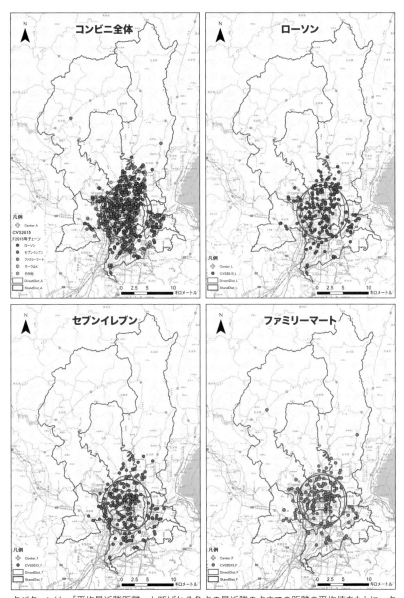

点パターンは、「平均最近隣距離」と呼ばれる各点の最近隣の点までの距離の平均値をもとに、クラスター分布、ランダム分布、均一分布を統計的に判定することができる。上図の4例の場合、コンビニ全体、大手3社ともに、京都市中心部にクラスター分布していることが示唆される（ArcGIS〈ESRI〉を用いて筆者作製）

04 点パターンの可視化

メッシュで点の密度を可視化する

点の分布図は、その対象がどこにあるかを示す基本的な地図です。しかし、点が重なることで、その粗密を的確に表現できない場合もあります。そこで、任意の均一のポリゴン（面）で点を集計することで、点の空間的パターンを量的に階級区分図のように可視化することができます。コンビニ店舗の点分布を標準地域メッシュの3次メッシュ（基準地域メッシュ、1km メッシュ）と4次メッシュ（分割地域メッシュ、500m メッシュ）で集計してみると、メッシュの大きさによって分布の特徴が変わりますが、当然、空間単位が大きい方が巨視的なパターンが、そして、小さい方がより局所的な集積が明らかになります。

京都市でも昼間人口や観光客の多い四条河原町や河原町三条の都心部、JR 京都駅周辺に、コンビニ店舗の集積が見られます。特に、四条河原町交差点界隈の、約 1㎢の3次メッシュの中には、24 軒ものコンビニ店舗が集積しています。また、大手3社間で集積の度合いが異なることもわかります。さらに、局所的な空間的パターンを捉える4次メッシュでコンビニ店舗の空間的分布を見ると、京都市の都心部の河原町通から烏丸通にかけての御池通や三条通、四条烏丸あたりには、500m 四方に8～9軒の集積が見られます。また、セブン‐イレブンやファミリーマートはメッシュ内に4軒の同一チェーンの集積が見られる一方、ローソンは分散的な立地が見られます。このようなチェーンごとの違いは、各社の立地戦略によるものかもしれません。

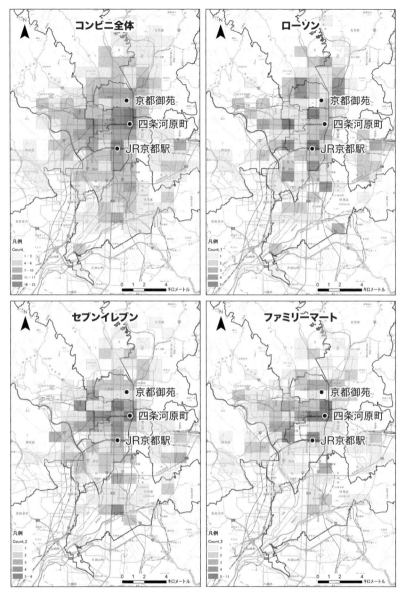

京都市中心部のコンビニ店舗の点分布を3次メッシュ（約1km四方）で集計した図。コンビニ全体では、四条河原町や河原町三条の都心部、JR京都駅周辺に店舗の集積が見られるが、大手3社間では集積の度合いが異なる（ArcGIS〈ESRI〉を用いて筆者作製）

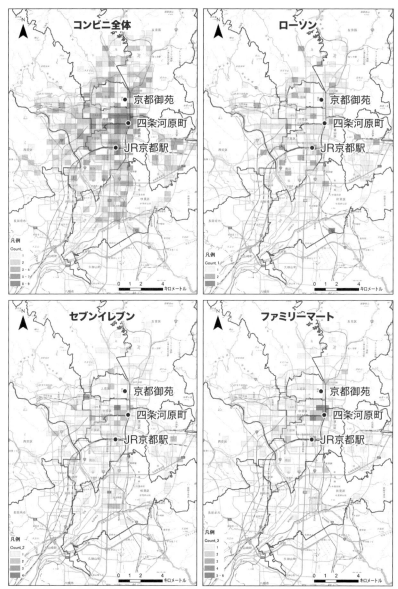

京都市中心部のコンビニ店舗の点分布を4次メッシュ（約500m四方）で集計した図。コンビニ全体の店舗集積傾向は3次メッシュと大きく変わらないが、大手3社間では、ローソンの分散的立地のようなチェーンごとの特徴的な違いがみられる（ArcGIS〈ESRI〉を用いて筆者作製）

カーネル密度推定

GIS の点データの可視化手法の中に、点分布の状態を、密度関数を用いて対象地域の点密度を推計する基本的な方法として「カーネル密度推定法」があります。これは「空間的平滑化法」のひとつで、どのあたりに点が集中しているのかを可視化することができます。任意に設定したセルサイズの大きさとそのセルの近傍の範囲（バンド幅）によって平滑化の度合いが異なりますが、バンド幅を広げるとより滑らかに、バンド幅を狭めるとより局所的な分布を可視化することができます。

また、密度の度合いを等値線で描くことで3次元表示することも可能です。カーネル密度推定を用いることで、大手3社のチェーンごとの密度分布の違いを一目することができます。

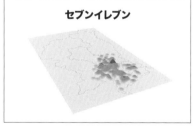

京都市内のコンビニ店舗の点分布の状態を、カーネル密度推定を用いて大手3社のチェーンごとの密度分布の違いを可視化した図。密度の度合いを等値線で描くことで3次元表示している（ArcGIS〈ESRI〉を用いて筆者作製）

05 | 点、線、面からのバッファー

店舗を中心とする円バッファー

コンビニ店舗まで歩いて向かう徒歩圏を 500m（約 6 分）と仮定して、地図上にコンビニ店舗の点データを中心とする半径 500m の正円を描いてみます。これを GIS では「500m 円バッファー」と呼びます。バッファーとは「緩衝域」のことで、ライン（線）やポリゴン（面）からのバッファーも作成することができます。

京都市内の 640 軒の各コンビニから半径 500m の円バッファーを発生させたものが右図です。この円が重なった地域では、重なった数の店舗が 500m 以内に存在していることを意味します。500m 円バッファーの中に含まれるコンビニの店舗数を求めると、27 軒の競合店を含む店舗が河原町三条と四条河原町の交差点付近にあることがわかり、京都市内で最もコンビニが過密な地域と言えます。一方、500m 円バッファーの中に競合店が 1 軒もないコンビニ店舗も見られます。

逆に、この円バーファーが全く重ならない地域も見られます。これらの地域は、500m 以内にコンビニ店舗が 1 軒も立地していないことになります。そのような地域は、京都市内では京都御苑周辺などに限定されます（山間部を除く）。

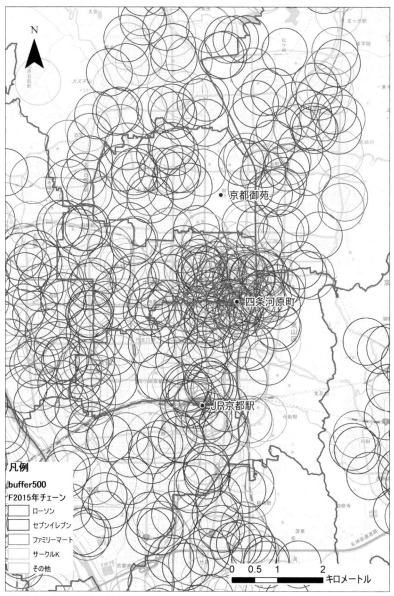

凡例

buffer500
F2015年チェーン

- ローソン
- セブンイレブン
- ファミリーマート
- サークルK
- その他

京都市中心部のコンビニ店舗から、半径 500m の円バッファーを発生させた図。この円が重なった地域では、重なった数の店舗が 500m 以内に存在していることを意味する（ArcGIS〈ESRI〉を用いて筆者作製）

駅や主要道路、バス停からのバッファー

京都市内の駅には、1日の平均乗降客数が40万人に達するJR京都駅（「国土数値情報〈駅別乗降客数データ〉」〈国土交通省国土政策局・平成30年度〉より）もあれば、数百人の駅もあります。国土数値情報の駅ポリゴンを用いると、各コンビニ店舗の500m円バッファーの中に、いくつの駅ポリゴンがあるかをカウントすることができます。また、各駅の近傍にいくつのコンビニ店舗が存在しているのかを見ることもでき、京都市内のコンビニ全640軒のうち、約58%の372軒が駅の近傍に立地していることがわかります。

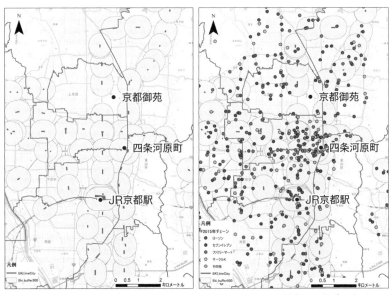

京都市中心部にある駅ポリゴンからの500m円バッファーを示した図（左）と、駅ポリゴンからの500m円バッファーの中にあるコンビニ店舗を示した図（右）（ArcGIS〈ESRI〉を用いて筆者作製）

また、ラインとして主要道路（幅員 5.5m 以上）のベクターデータからバッファーを発生させることができます。たとえば、どれだけのコンビニ店舗が主要道路沿いに立地しているのかを見るために、主要道路からの 50m ラインバッファーを発生させてみると、640 軒のうち、約83％の 533 軒が主要道路沿いに立地していることがわかります。さらに、国土数値情報のバス停ポリゴンを用いて、各バス停からの 100m 円バッファーの中に、いくつのコンビニ店舗が存在しているのかを見ると、640 軒のうち、約38％の 242 軒がバス停の近傍に立地していることがわかります。

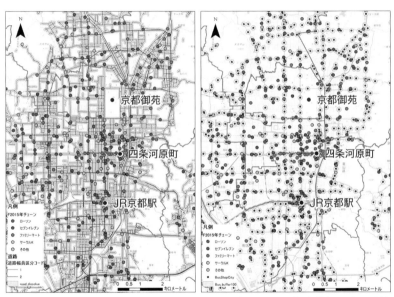

京都市中心部の主要道路からの 50m ラインバッファーの中にあるコンビニ店舗を示した図（左）と、各バス停からの 100m 円バッファーの中にあるコンビニ店舗を示した図（右）（ArcGIS〈ESRI〉を用いて筆者作製）

Chapter 3

06 円バッファーによる商圏人口の推定

勢力圏の設定

各コンビニ店舗の 500m 円バッファーは、「当該店舗の勢力圏」とみなすことができます。そこには、「京都市の住民や就業者が、自宅や職場から最も近いコンビニを利用する」ということと、「500m以上離れたコンビニ店舗にまでは歩いて買いに行かない」という仮定を設けています。前者は、地理学の古典的な中心地理論でも仮定された、提供されるサービスが同一の場合、最も近い施設を利用する「最近隣施設利用仮説」と呼ばれるものです。しかし、最近では、大手コンビニは各社ごとの各種ポイントカード割引などを行っており、同一サービスと言えないかもしれません。

ここで、各店舗の勢力圏内の夜間人口と昼間人口を推計してみましょう。夜間人口は 2015 年国勢調査の総人口を、昼間人口は2015 年国勢調査と 2016 年経済センサスから推計したものです。夜間人口をあらわしている最小空間単位は基本単位区です。基本単位区はポリゴンですが、GIS データとして提供されているものはその代表点の点データです。一方、昼間人口は 4 次メッシュの空間単位で提供されています。

コンビニ店舗の点データから発生させた 500m 円バッファーの勢力圏内の夜間人口を推計するひとつの方法は、その円バッファーの中に含まれる基本単位区の点データの属性値（人口総数、男性人口、女性人口、世帯数）のうち、人口総数を合計することです。

勢力圏内の夜間人口が最も多いコンビニは、阪急大宮駅近くの店舗で、勢力圏内に 17,815 人が居住しています。特に、周辺に大規模なマンションが立地している場合に、潜在的な需要人口である勢力圏内の夜間人口が多いことがわかります。一方、山間部や南部の工業地域などでは、勢力圏内の夜間人口が 1,000 人に満たない店舗も見られます。

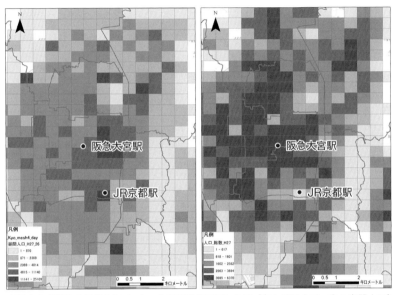

京都市中心部の人口を 4 次メッシュの空間単位で示した図（左：昼間人口、右：夜間人口）（ArcGIS〈ESRI〉を用いて筆者作製）

ポリゴン間のインターセクト

昼間人口は4次メッシュのポリゴンで提供されていることから、500m円バッファーの勢力圏内のポリゴンに含まれる昼間人口の推計は、面積按分によって行うことができます。

4次メッシュと500m円バッファーは、形や大きさが異なるポリゴンのため、ひとつの500m円バッファーには、ひとつまたは複数の4次メッシュのポリゴンが含まれることになります。各4次メッシュの昼間人口などは、すでに属性データとして紐づけられているので、500m円バッファーで分割された4次メッシュの面積を求め、その分割されたポリゴンの面積の当該4次メッシュ全体の面積に対する面積比を求めます。この面積比に基づいて、当該メッシュの昼間人口を按分し、その分割された4次メッシュの昼間人口を推計して合算することで、当該店舗の500m円バッファーに含まれる昼間人口を推計します。

GISソフトでは、4次メッシュに500m円バッファーを重ね合わせ、「インターセクト（Intersect）」というコマンドを実行します。すると、2つのポリゴンが重なり合った分割ポリゴンが多数生成され、それぞれに4次メッシュと500m円バッファーの属性が付加されます。その後、当該分割ポリゴンの面積を計算して、昼間人口を面積按分します。さらに、500m円バッファーのIDをキーとして「ディゾルブ（Dissolve）」コマンドを実行することで、再度、もとの勢力圏と同じ円バッファーが生成され、按分された昼間人口を合算して、勢力圏内の昼間人口を推計します。

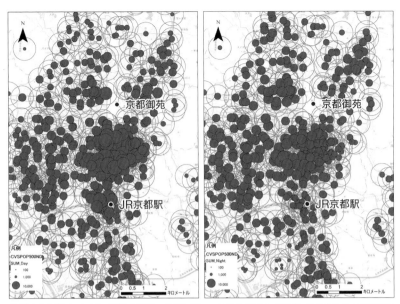

京都市中心部のコンビニ店舗の 500m 円バッファーの勢力圏内のポリゴンに含まれる人口の推計を示した図（左：昼間人口、右：夜間人口）（ArcGIS〈ESRI〉を用いて筆者作製）

ボロノイ分割による
商圏人口の推定

勢力圏が重なり合う複数店舗の領域

コンビニ店舗の 500m 円バッファーを勢力圏と設定した場合、新たな店舗がその勢力圏内に進出すると、お互いの勢力圏が重なり合います。その結果、勢力圏内の需要（夜間人口や昼間人口）を複数の店舗で取り合うことになります。ここで、「最近隣施設利用仮説」に基づくとすれば、各店舗の勢力圏は「ボロノイ領域」という、「複数の点があったときに、各点についてその点までの距離が他のどの点までの距離よりも小さい領域」で求めることができます。この領域による空間分割のことを、これを考案したロシアの数学者の名前から「ボロノイ分割（ティーセン分割）」と呼び、基本的には、近傍の点間の垂直二等分線によって分割されます。

ボロノイ分割によるボロノイ領域の求め方

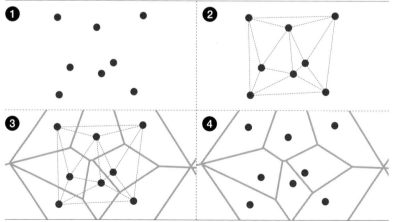

❶あるエリアに複数の点があった場合、❷近傍の点を線で結ぶ。❸近傍の点間の垂直二等分線を求めた後、❹近傍の点間の線を消し、垂直二等分線で囲まれた範囲が「ボロノイ領域」となる

ボロノイ分割は、対象とする空間範囲の大きさに依存します。京都
市をカバーする矩形を対象範囲としたボロノイ分割を実施すると、
下図（左）のようなポリゴンを設定することができます。しかし、
実際は、「500m を超えてコンビニ店舗に行かない」という仮定が
あるため、「各店舗から 500m を超えたボロノイ領域は勢力圏の外」
とすれば、下図（右）のような勢力圏を設定することができます。

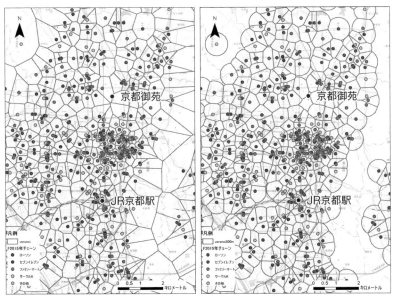

京都市をカバーする矩形を対象範囲としたボロノイ分割で示したコンビニ店舗の勢力圏図（左）と、
「各店舗から 500m を超えたボロノイ領域は勢力圏の外」としたコンビニ店舗の勢力圏図（右）
（ArcGIS〈ESRI〉を用いて筆者作製）

ボロノイ領域内の需要

500m円バッファーで行った同様のGIS手順によって、各店舗の500m未満のボロノイ領域のポリゴン内の夜間人口と昼間人口を推計すると、コンビニ店舗が密集する地域でのボロノイ領域の面積は小さくなり、近隣に競合店がない店舗でのボロノイ領域は500m円バッファーと同一となります。

ボロノイ領域での勢力圏の面積が小さくても、当該地域の夜間人口や昼間人口が多ければ、一定以上の需要を獲得することが期待されます。周辺に夜間人口が多く、競合店舗の少ない店舗では、勢力圏の面積が大きく、多くの需要を獲得できます。一方、四条河原町や河原町三条、JR京都駅周辺では、勢力圏の面積が小さくても昼間人口が多いため、多くの需要が獲得できる店舗が多数見られます。これらの店舗では、商圏内の夜間人口が極端に少なく、夜間人口がゼロの場合も見られます。

なお、ここでの昼間人口は、昼間に自宅にいる居住者や、就業地や通学地で推計したものであり、遠方からの買い物客や観光客は考慮されていないことから、駅周辺や主要幹線道路沿い、あるいは観光地周辺の店舗では、夜間人口や昼間人口以外の需要が存在する可能性を示唆します。

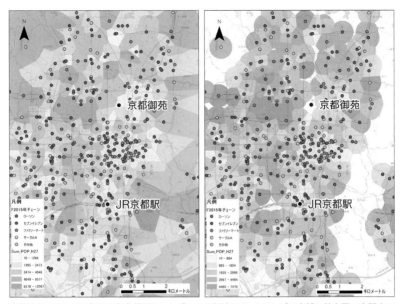

京都市をカバーする矩形を対象範囲としたボロノイ分割で示したコンビニ店舗の勢力圏の夜間人口（左）と、「各店舗から500mを超えたボロノイ領域は勢力圏の外」としたコンビニ店舗の勢力圏の夜間人口（右）（ArcGIS〈ESRI〉を用いて筆者作製）

08 コンビニの新規出店適地探索

新規出店立地のための評価マップ作製

GIS による分析手法を活用して、新たなコンビニの出店計画を考えてみましょう。これまでの考察から、①夜間人口が多く、②昼間人口が多く、③鉄道駅が近く、④バス停が近く、⑤主要道路沿いで、⑥競合店が少ないといった場所が新規出店に適した場所と考えることができます。

ここでは、京都市内を覆う 10m のラスターデータを想定します。この 10m メッシュの一つひとつが出店候補地となります。GIS ソフトの「近傍統計」というコマンドを用いて、①夜間人口、②昼間人口、③鉄道駅や④バス停、⑤主要道路からの距離、⑥近隣の競合店数の地図を作製します。これら 6 つの地図は、コンビニの新規出店立地に関連する要因をそれぞれ可視化したものです。これらの地図をベースとして、新規出店立地のための評価マップに変えていきます。そして、それぞれの要因を、コンビニの新規出店立地に「適している」から「適していない」の 5 段階に階級区分します。

まず、ベースとなる 10m メッシュごとの夜間人口、昼間人口、鉄道駅、バス停、主要道路からの距離、近隣の競合店数を推計します。夜間人口は、基本単位区の代表点の総人口の点データをベースとした点密度データを用い、昼間人口は、500m メッシュの昼間人口を10m メッシュに按分して、京都市全域の 10m メッシュごとの夜間人口と昼間人口を推計します。ただし、候補地となりうる 10mメッシュの夜間人口をそのメッシュの潜在的な需要とするのではな

く、当該メッシュ近傍の状況を当該メッシュの属性値として与えます。この場合であれば、当該メッシュから 500m の距離内に含まれる 10m メッシュの夜間人口を需要とみなすのです。GIS ソフトでは、「近傍統計」コマンドを用いて、各メッシュから半径 500m 内の夜間人口の合計値を推計することができます。

新規出店に適した場所は、需要の多い場所で、かつ競合店が少ない場所と考えられます。そうした最も新規出店に適した場所を探索することは、数理計画で「最適化問題」と呼びます。この場合、周辺の 500m 内の夜間人口をひとつの「目的関数値」とみなすことができ、それら複数の目的関数値を総計して最大化する場所が「最適解」となります。このような複数の評価マップの最適化は、多目的関数の最大化となります。GIS ソフトでは、そのような複数の目的関数値を 2 次元上の地図で表現し、その目的関数値を合算した最終的な評価マップを策定することができます。

コンビニの新規出店適地

| 1 | 夜間人口が多い | | 2 | 昼間人口が多い |

| 3 | 鉄道駅が近い | | 4 | バス停が近い |

| 5 | 主要道路沿い | | 6 | 競合店が少ない |

コンビニの新規出店適地は、上図①〜⑥のような需要が多く、競合店が少ない場所と考えられる。このような場所の探索を「最適化問題」と呼び、GIS を使って評価マップを策定する

09 標高の3次元表示

国土地理院から提供される2種類の標高データ

GISの3次元表示の最も基本的なものに、「デジタル標高モデル（DEM）」があります。日本の標高の基準は、東京湾の平均海面で定義されていますが、実際は、東京都千代田区の国会前庭洋式庭園内にある日本水準原点標庫からの高さを基準に測量して標高を求めています。

国土地理院からは、基盤地図情報数値標高モデルについて、5mメッシュおよび10mメッシュの2種類のデータが提供されています。基本的には、全国の2万5千分の1地形図の等高線データ等をもとに10mメッシュ（標高）を作成し、主に大都市圏、河川流域等では、航空レーザー測量による5mメッシュ（標高）を作成しています。

全国の10mメッシュの標高データをラスター形式で表示させて日本列島全体を覆うと、大半は海洋部を占めますが、東西280,125メッシュ×南北230,250メッシュ、ファイルサイズ120.14GBにもなる巨大なラスターファイルとなります。最高値は富士山頂付近の3,774mです。

3次元の標高を表現する方法

2次元マップで3次元の標高を表現する方法として、巨大なラスターデータの場合、頻度分布から、ある程度自動でコントラストを

強調するストレッチレンダリングが用いられ、連続データのラスターセル値をカラーランプのグラデーションを使用して表示することができます。また、通常の階級区分図のように、任意に階級区分を設定して、その区分に従って色分けする方法もあります。

ここでは、標高 11m 以上はグラデーションで表示し、標高 10m以下は、6 〜 10m、1 〜 5m、0m 以下の 3 つの階級区分で表示しています。三大都市圏を含む範囲を見ると、関東平野、濃尾平野、大阪平野では 10m 以下の標高値の地域が卓越し、ゼロメートル地帯も多く存在していることがわかります。これ以外に、標高データを陰影処理して 2 次元表示することもできます。陰影起伏では、光源の方位と傾斜角で設定できます、ここでは、光源を北東、傾斜角 45 度で設定した陰影起伏を示しています。さらに、同じデータを 3 次元 GIS で示すと、日本列島を鳥瞰することもできます。

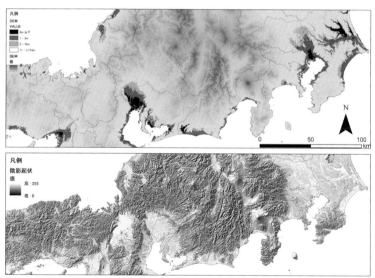

日本列島の標高を 2 次元マップに 3 次元表示した例。上図は、標高データからグラデーションと 3 つの階級区分で表示。下図は、標高データを陰影処理して 2 次元表示（ArcGIS〈ESRI〉を用いて筆者作製）

10 富士山の見える場所

GISによる可視領域の検索

関東地方には「富士見」という地名がたくさんありますが、実際に富士山の山頂付近の見える範囲を GIS で特定してみます。地表面は球体であるために、その曲率の度合いを考慮して可視領域を特定することができます。

ここでは、全国をカバーする国土地理院の 10m 標高モデル（DEM）をベースに、富士山の山頂を定義します。富士山の最も高い場所を特定することは結構難しく、たとえば、新幹線の車窓から見える富士山はピンポイントで最高点を見ているのではなく、山頂付近を見ているのです。

そこで、GIS ソフトで富士山付近の 50m 等高線を作成し、3,500m の等高線を特定します。そして、可視領域の最大範囲として、富士山から 400km 範囲のバッファーを作成し、可視領域の探索範囲としました。この範囲を広げると、標高のラスターデータの解像度にもよりますが、膨大な計算時間を要します。さらに解像度に関しても、10m 標高モデルでは、一般のコンピューターでは数日の日数を要するため、10m 標高モデルを 100m 標高モデルに変換して可視領域を計算しました。

その結果、関東平野の大部分からは富士山を眺望できることがわかります。また、可視領域の西の限界は、京都市と滋賀県高島市の境あたりで、富士山頂からの距離は約261kmです。そして、北の限界は、福島県の飯舘村と川俣村の境にある花塚山で、富士山頂からの距離は約308kmです。同様に、日本地図センターでは、富士山が見える地域を地図化した「富士山可視マップ」の「富士山ココ」を公開しています。地理院地図をベースとして、各地で撮影した富士山の写真も提供しています。

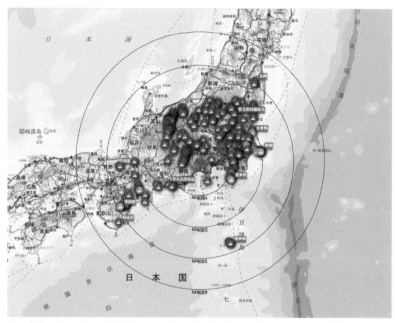

地理院地図をベースとして富士山が見える地域を地図化した「富士山ココ」（日本地図センターウェブサイトより）

11 | 建物の3次元GIS

初期の3次元建物モデル作成

都市の建物の 3 次元 GIS は、現在では Google Earth などで簡単に見ることができます。Google Earth の 3 次元都市モデルは、2005 年に公開されてからいくつかの変遷がありました。日本の場合、当初はゼンリンによる 2 次元の家屋形状のポリゴンに対して、建物の高さの情報を当該の建物階数の情報から推定して、単純な 3 次元建物モデルを作成していました。

京都市の都心部の 3 次元都市モデルを GIS で描くと、建物の側面や屋上は単色で統一されています。建物の高さは、ゼンリンの建物階数から推計しています。たとえば、京都市の高さ制限が 31m の地域ではマンションの階数が 11 階建てであるので、1 階あたりの高さを約 2.8m と推定することにしています。しかし、三角屋根やビルのデザインなどの情報はありません。

リアルな 3 次元建物モデルは、建物の設計図である CAD データを利用すると作成することができますが、2 次元ポリゴンと比べて格段に多くの情報量が必要となります。しかし、都市全体の 3 次元都市モデルに、そこまで詳細な 3 次元建物モデルを取り込むと膨大なデータ量が必要となります。また、それを Web 配信するためには、レンダリングや遠くの建物を間引くなどの技術も要求されます。

クラウドソーシングによる3次元都市モデルの構築

Google Earth はその後、「SketchUp」という３次元モデリング
ソフトと提携し、建物の上部となる面の上にドラッグするだけで建
物の屋根の形を簡単に作成し、前もって用意されている窓やドアな
どのパーツを組み合わせて、細部まで作り込める Web システムを
提供しました。世界中のユーザーから３次元建物モデルをボラン
タリーに作成してもらい、一定の評価を受けた「作品」を配置する
クラウドソーシングのしくみが用いられることで、世界中で３次
元都市モデルが構築されるようになりました。クラウドソーシング
とは、企業や個人がインターネットを通じて不特定多数の人に仕事
を依頼したり、アイデアやデザインを募集したりすることです。
「crowd（群衆）」と「sourcing（業務委託）」を組み合わせた造語
です。現在では、上空からの連続の斜め写真から３次元建物モデ
ルを構築する「SfM（Structure from Motion）」を用いて作成さ
れています。

京都市中心部の３次元都市モデル（Google Earth 試験運用版より）

レーザー計測による 3次元都市モデル

全国主要都市圏の3次元都市モデル

広域な3次元都市モデルを構築する技術は日進月歩です。2000年初めに、VR（Virtual Reality）のベンチャー企業であったキャドセンターと大手航空写真測量会社のパスコ、地図作製会社インクリメント・ピー（iPC）が、それぞれのデータや技術を結集して、「MAP CUBE®（マップキューブ）」を全国の主要都市圏を対象にリリースしました。

MAPCUBE による京都市中心部の3次元都市モデル（キャドセンターウェブサイトより）

立命館大学アート・リサーチセンターのバーチャル京都プロジェクトにおいても、2002年にいち早く、京都の3次元都市モデルのベースとして、京都市の MAPCUBE を採用しました。

開発当時の MAPCUBE の特徴は、建物の高さを、上空を飛行するセスナからのレーザー計測によって取得した LIDAR（light detection and ranging）データを用いている点です。地上レベルで、おおむね 2m 間隔で点データが取得され、高さの誤差は数 10cm です。LIDAR データでは、上空を飛行するセスナから発射したレーザーが跳ね返ってくる時間で地表面までの距離を計測します。GPS によってセスナの 3 次元空間上の位置情報が把握されているために、レーザーが照射された地表の点の 3 次元空間上での位置が特定されます。その点は地面の場合や、建物の屋根や屋上の場合もあります。また、時には、樹木の枝葉や走行中の車、歩行者の頭の位置かもしれません。

そこで、iPC の 2500 分の 1 住宅地図の家屋形状ポリゴンを用いて、レーザーの点が建物ポリゴンの内側に位置すれば建物の屋根や屋上の高さであると推定し、外側であれば地面であると判断します。京都市内にある約 40 万の建物ポリゴンすべての高さを特定し、地表面と併せて、3 次元建物モデルを表示させます。さらに、建物のデザインや、側面や屋上のテクスチャー（外観）の写真を貼り付ける「テクスチャー・マッピング」も可能ですが、ここでは単一の色で形状のみを表現し、地面には空中写真が標高と合わせて表示されています。最近では、車上やドローンにレーザー計測機器とカメラを搭載して、路上あるいは比較的近い上空から 3 次元建物モデルの表面形状の点データとテクスチャーを取得して、3 次元形状とテクスチャー・マッピングを同時に行う方法も用いられています。もちろん、各建物の詳細な 3 次元モデル、さらには内部の構造も含めて構築することもできます。しかし、都市全体を対象とする 3 次元都市モデルにおいて、個々の建物の詳細モデルの構築は、求められる目的に対するコストとのトレードオフとなります。

ジオリファレンスによる
地図の重ね合わせ

重ね合わせによる古地図と現在の地図の比較

スキャンした紙の地図や、任意に入手した地図のデジタル画像を
GIS ソフトの地図画面上に取り込んで、同じ位置で重ね合うように
画像を変換する機能を「ジオリファレンス」、あるいは「レクティ
ファイ」と呼びます。具体的に、Web 版ジオリファレンスの日本
版 Map Warper を用いて、日本の古地図を現在の地図と重ね合わ
せてみましょう。

ここでは、大英図書館所蔵の日本図（Maps 62980.20）『日本郡国
一覧（改正）』（文久2〈1862〉年刊、大坂、河内屋喜兵衛等）を
事例に、ジオリファレンスを行います。この古地図は幕末のもの
で、かなり精確に描かれていますが、松前が若干引き延ばされ、中
四国が縮められる傾向が見られます。

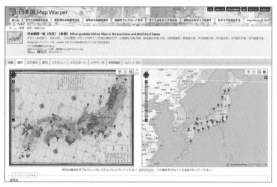

ジオリファレンスを行うために、古地図と現在の地図を左右に並べ、
両方の地図で特定できる基準点を設定した状態（日本版 Map
Warper を用いて筆者作製）

日本版 Map Warper では、画像をゆがめる古地図と位置合わせを行う現在の地図を左右に並べ、両方の地図で特定できる基準点、あるいはコントロールポイントと呼ばれる点（海岸線や山頂など、ここでは 27 点を特定）を見つけ出します。そして、GIS では、実際の測量されたデジタル地図と古地図のデジタル画像上で、これらの基準点が一致するように、数学的な画像変換を行います。

このように、ジオリファレンスされた地図画像は、GeoTIFF に変換して、他の GIS ソフトで用いることもできます。ここでは、27 の基準点を薄版スプライン法で変換し、その地図画像を KML ファイルに変換して、Google Earth に取り込んでいます。

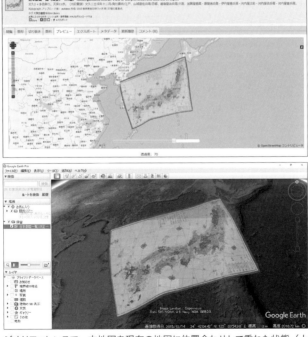

ジオリファレンスで、古地図を現在の地図に位置合わせして重ねた状態（上図）。ジオリファレンスされた地図画像を Google Earth に取り込んだ状態（下図）（日本版 Map Warper を用いて筆者作製）

Chapter 3

14 | 特徴を視覚的に表現する カルトグラム

カルトグラム（cartogram）とは、主題図の一種で、統計データに基づき、地図上の物理的な面積を人口などに、物理的距離を移動時間などに置き換えて、その特徴を視覚的に表現した地図です。前者を「面積カルトグラム」、後者を「距離カルトグラム」と呼びます。

面積カルトグラム

2020年10月の米国の大統領選挙では、民主党のジョー・バイデンが過半数を獲得して当選しましたが、通常の州別の地図で見ると、共和党のドナルド・トランプがバイデンを上回っているようにも見えます。しかし、各州の大きさを、州の隣接関係を保持しながら人口規模に対応するようにゆがめた面積カルトグラムで表現すると、人口規模の大きな東部の州やカリフォルニア州の地図上の面積が大きくなり、カルトグラム上では両者がほぼ拮抗していることがわかります。

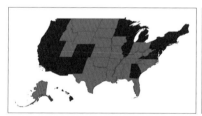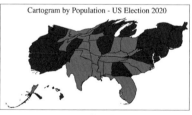

通常の州別の地図で見たジョー・バイデン（濃色）とドナルド・トランプ（淡色）の獲得州（左図）と、人口規模に対応するようにゆがめた面積カルトグラム（右図）（「Cartogram by Population-US Election 2020」Medium ウェブサイトより）

距離カルトグラム

一方、距離カルトグラムの代表例は、時間距離によって空間をゆがめる方法です。ここでは、日本全国200か所の鉄道による時間距離の変化を地図化した事例として、東海道新幹線開通後の1965年、山陽新幹線開通後の1975年、上越・東北新幹線開通後の1995年、長野新幹線、北陸新幹線、九州新幹線、北海道新幹線（新函館北斗まで）開通後の2016年と、4時点の時間地図が示されています。

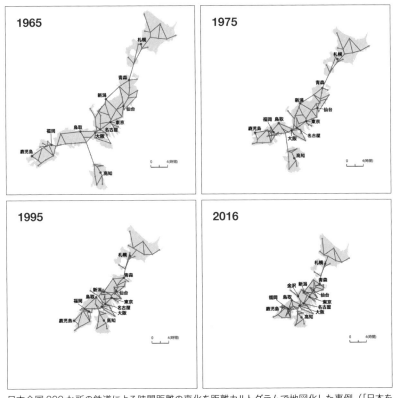

日本全国200か所の鉄道による時間距離の変化を距離カルトグラムで地図化した事例（「日本を変えた新幹線　〜ビジュアルで振り返る半世紀〜」日本経済新聞ウェブサイトより）

1965年では、相対的に、東京と大阪の間が縮まり、連絡船を必要とする四国や北海道は離れることになります。その後、山陽新幹線や東北新幹線が開通することによって、博多や仙台が東京へ接近し、島根のように物理距離と時間距離が逆転するような現象も生じるようになります。さらに2016年では、東京から鹿児島まで最速で約6時間40分で行けるようになり、新幹線網が拡大するにつれ、日本の時空間が縮まっていくことがわかります。また、このような時空間の変化が、地域間のつながりや経済発展に大きく影響することがわかります。

行政やビジネスの必須ツールGIS

地理空間情報のオープンデータ化と空間ビッグデータの活用により、GIS は行政やビジネスの必須ツールとなっています。

地理空間情報の
オープンデータ化

官民データのデジタル化

日本では、2016年の「官民データ活用推進基本法」において、国と地方公共団体はオープンデータに取り組むことが義務付けられ、国民参加・官民協働の推進を通じた諸課題の解決、経済活性化、行政の高度化・効率化などが期待されています。国と地方公共団体は、保有している公共データのポータルサイトを構築し、インターネット配信をはじめています。数年前までは、公共データの多くはデジタルではなく、紙で出力されてきましたが、PDFに変更され、さらに数値データは、Excelデータなどに変換されてきました。そして、インターネットを介して公開されるようになりました。

国や地方公共団体の公共データの多くは、地域に関する情報であることから、それらは地理空間情報と言えます。デジタル地図はもちろんですが、住所が示された施設なども地理空間情報です。ただ、これまで紙の資料として提供されてきたデータはPDFでデジタル化されることが多いため、そこに含まれる文字や数字は、すぐにはコンピューター処理できません。そのデータがCSV形式やExcel形式で提供されれば、表計算やデータベースへの変換も可能となり、その活用がより効率的に行われます。また、公共データの多くは、法令に基づいた行政業務のために作成され、オープンデータとして公開することを目的としていない、最終成果物の途中段階で作成されるものも多くあります。そのため、オープンデータの作成には、そのような中間データの作成も含めた手続きなどを、仕様書の段階で見直していく必要があります。

オープンデータの活用事例

基本的に公共データは、個人に関わる情報は公開できませんが、著作物の適正な再利用の促進を目的として進められている国際的なクリエイティブ・コモンズの標準化では、最も自由なライセンスのもの（表示 4.0 国際、CC-BY-4.0）が増加しつつあり、オープンデータが諸課題の解決や経済活性化に役立つ事例も増えつつあります。

2012 年のロンドンオリンピックの際、ロンドン市はその招致活動時に、国際オリンピック委員会（IOC）から、ロンドン市内の交通混雑の解消が課題とされ、ロンドン市内の地下鉄とバスのリアルタイムの運行状況を提供するアプリの開発が求められました。アプリ開発の経費が用意できなかったロンドン市は、交通局が管理している地下鉄とバスのリアルタイムの運行状況の位置情報をオープンデータとして提供し、ある民間会社がそのオープンデータを用いて、リアルタイムの運行状況を表示するアプリを開発・提供したという事例がありました。

ロンドンオリンピック招致のために開発されたロンドン地下鉄のライブマップアプリの画面（Live London Underground map － Geographic －ウェブサイトより）

Chapter 4

02 国土地理院の「地理院地図」（電子国土Web）

全国の地理空間情報をカバーする「地理院地図」

現在、国が作製した多くのデジタル地図は、インターネットを介して公開されるようになりました。なかでも、最も基本的な地形図や主題図、空中写真などは、地図タイルを用いた「地理院地図」を介して、国土地理院の Web サイトで閲覧可能になっています。これらは、電子国土基本図をベースマップとして作製され、「地理院タイル」と呼ばれています。

昭和初期から現在までの年代別の空中写真、標高・土地の凹凸、土地の成り立ち・土地利用、基準点・地磁気・地殻変動、近年の災害、その他（他機関の情報／世界の土地被覆）を無償で閲覧することができ、2画面で同期させながら左右に並べて比較表示することができます。これらの地理空間情報は全国をカバーし、大縮尺では2500分の1の縮尺レベルで細かく見ることがきます。

1960年代の大阪府吹田市丘陵部の空中写真（画面左）と、現在の地形図（画面右）。1970年に開催された大阪万博の跡地が万国博記念公園になっている（「地理院地図〈国土地理院〉を用いて作製）

112

「地理院地図」はWebGIS

「地理院地図」はデジタル地図を表示するだけでなく、簡単なGIS機能を有しています。たとえば、地図上の任意の直線の距離や任意の範囲の面積を計測したり、標高データに基づいて、任意の直線の地形断面図を作成したりすることもできます。さらに、表示範囲の地形図や空中写真を標高データと重ねて3次元表示させることで、あらゆる角度から可視化でき、高さの誇張などもできます。

また、利用者が独自にポイントなどのベクターデータを追加したり、他の地図タイルを取り込んで表示させたりする、最低限のGIS機能を備えています。さらに近年では、ラスター形式が一般的な地図タイルに加え、道路や建物などのレイヤーのベクトルタイルを提供しています。これにより、必要なレイヤーだけを表示させることができるようになりました。

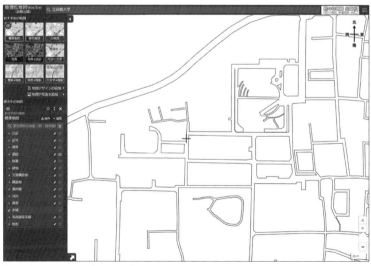

「地理院地図 Vector（試験公開）」で立命館大学を表示し、「道路」のレイヤーだけを表示させた状態（「地理院地図」〈国土地理院〉を用いて筆者作製）

政府統計の総合窓口
「e-Stat」と「jSTAT MAP」

e-Statデータによる統計地図の作製

政府のオープンデータのうち、国土地理院以外の地理空間情報は、政府統計の総合窓口「e-Stat」から公開されています。国勢調査のような総務省の基幹統計をはじめ、多くの統計表を Excel 形式でダウンロードすることができます。国勢調査の人口データは、調査年時点の都道府県、市区町村、町丁・字等、あるいは地域メッシュの空間単位で出されるため、その境域データが必要となりますが、そのポリゴンデータも合わせて提供されています。これらを GIS ソフトに取り込めば、主題図としての統計地図を作製することができます。

統計地図をWeb上で作製できる jSTAT MAP

e-Stat サイト内の「地図で見る統計（jSTAT MAP）」は、GIS ソフトを使わずに、Web 上でオンデマンドに統計地図やグラフを作製するツールで、一般的な統計地図を Web 上で作製することができます。たとえば、2015 年国勢調査の年齢階級別人口からは、全国の都道府県別の 65 歳以上の高齢者比率の主題図（階級区分図）を簡単に作製することができ、3 大都市圏では低く、四国や山陰地方、秋田県、山形県では高いことがわかります。また、範囲を限定して、市区町村別や町丁・字等別、3 次メッシュ、4 次メッシュ、5 次メッシュの空間単位でも、同様の主題図を作製することができます。さらに、当該の統計表と、それらの空間単位に対応した境域やメッシュのベクターデータをダウンロードすることもでき、それらを別の GIS ソフトで読み込んで、表示・分析することができます。

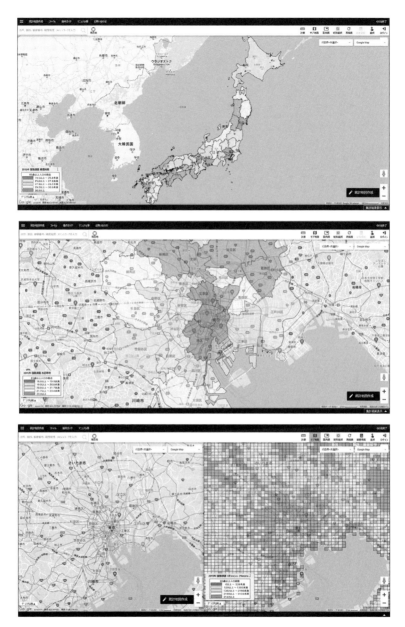

「jSTAT MAP」で作製した、「65歳以上人口比率（都道府県）」（上）、「65歳以上人口比率（東京23区部）」（中）、「65歳以上人口総数（3次メッシュ、首都圏2画面）」（下）（「地図で見る統計（jSTAT MAP）」を用いて作製）

位置情報が含まれる
地名辞書

地名辞書が構築されているWebマップ

地名辞書は「Gazetteer（ギャザティア）」と呼ばれ、地図帳の巻末にある「地名集」のようなものです。Google Maps のようなWeb マップでは、地名と経緯度の位置情報を紐づけされた地名辞書が構築されているので、地名を入力すれば、その場所を表示してくれます。

日本の地名に関しては、国が作成した地名辞書として、国土地理院の「数値地図（国土基本情報）」と、国土交通省の「街区レベル位置参照情報」「大字・町丁目レベル位置参照情報」があります。「数値地図(国土基本情報)」は、地形図に表示される地名注記に対応し、2019 年時点で、全国 346,060 件の地名が含まれています。

一方、「街区レベル位置参照情報」には全国 17,930,859 件、「大字・町丁目レベル位置参照情報」には全国 189,817 件の住所が含まれています。なお、住所・番地を含む「街区レベル位置参照情報」は、都市計画区域相当の範囲を対象としていますが、まだすべてが整備されていません。これらの地名辞書には地名・住所と経緯度の位置情報が含まれているので、GIS を用いれば、任意の地名の分布を地図化できます。

過去の地名を知り、自然災害の危険を予測する

現在では使われなくなってしまった過去の地名に関しては、近年、人間文化研究機構が作成した「歴史地名データ」を利用することができます。このデータベースは、『大日本地名辞書』（53,528件）、『延喜式神名帳』（2,842社）、旧5万分の1地形図に含まれる地名（242,544件）をもとに作成されています。歴史地名には、戦後、市町村合併などで名称変更されたものがあり、国土地理院や国土交通省の地名データで検索できないものも多くあります。

近年、過去の地名と津波や水害、土砂災害などの大規模な自然災害が起こる場所の関係をとらえようとする災害地名研究が見られます。たとえば「蛇」が含まれる地名は、水害の常習地域で見られたと言われますが、宅地開発による区画整理によってそのような地名が消えてしまっているという報告もあります。「歴史地名データ」から過去の地名を知ることで、その地域に内在する自然災害の危険を予測し、対応策を考えることができます。

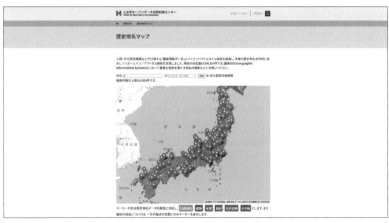

「歴史地名マップ」の地名検索に「蛇」を入力して表示した例（「歴史地名マップ」〈人文学オープンデータ共同利用センター〉を用いて作製）

国土交通省による国土数値情報

国土数値情報とは

国土数値情報は、全国総合開発計画や国土利用計画などの国土計画策定や支援のために、国土に関するさまざまな地理空間情報を整備、数値化した GIS データです。1974 年の国土庁発足に伴い、国土に関する基礎的な地理空間情報の整備・利用などを行う国土情報整備事業が開始され、地形、土地利用、公共施設、道路、鉄道や、地域メッシュでの人口データなど、国土に関する地理空間情報が整備されました。2011 年からは、国土交通省の HP からインターネット配信されるようになり、近年では、バス停やバスの路線図、観光資源などの多様な地理空間情報が追加されるようになりました。

これらのデータの多くは、各地方公共団体が作成した地理空間情報を国土交通省がデジタルデータとして受け取り、それらを整理して再配信しているものです。多くの GIS データは、都道府県単位で、GIS の標準フォーマットである JPGIS に準拠した符号化（GML 形式）や、図形情報と属性情報をもつ地図データファイルが集まったシェープファイル形式でダウンロードすることができ、多くの一般的な GIS ソフトに取り込むこともできます。現在、これらの国土数値情報の地図上での閲覧を可能とする「国土情報ウェブマッピングシステム」が「地理院地図」を用いて構築されており、ダウンロードする前にどのような GIS データかを確認することができます。また、災害・防災に関連するものとして、避難施設、洪水浸水想定区域、津波浸水想定、土砂災害警戒区域などの地理空間情報も提供されています。

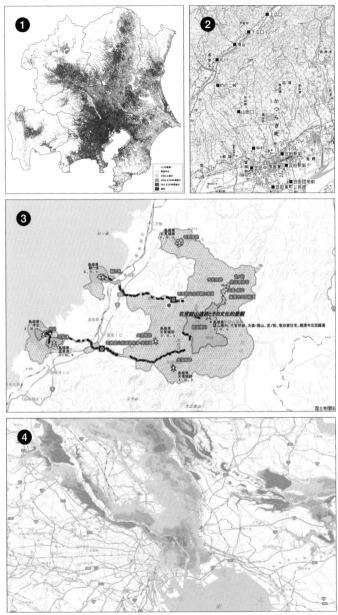

それぞれ、❶ 500m メッシュ別将来推計人口、❷バス停留所データ、❸世界文化遺産データ、❹洪水浸水想定区域データの表示例（国土数値情報〈国土交通省〉ウェブサイトより）

06 | 防災分野でのGIS利用事例

より早く、わかりやすい災害情報の公開

阪神・淡路大震災（1995年）や東日本大震災（2011年）の地震
災害をはじめとして、近年、豪雨や台風、雪害など、多くの自然災
害に見舞われています。このような自然災害に対し、GISの防災分
野での活用には、予防、応急、復旧復興のフェーズがあります。各
自治体は「災害対策基本法」に基づいて地域防災計画を立案するこ
とになりますが、その中で、地理空間情報に必要とされるさまざま
な情報（防災施設、住民、住居など）を結びつけ、その情報の活用
を考える必要があります。

国土交通省・国土地理院は、2015年から、「災害情報をより早く、
わかりやすく」を掲げ、「統合災害情報システム（DiMAPS）」を公
開しています。DiMAPSは、地理院地図をベースに、ハザードマッ
プなどの事前の基礎データに加え、リアルタイムな被害情報、TEC
－FORCE（緊急災害対策派遣隊）や防災ヘリからの情報などが随
時蓄積されていきます。

統合災害情報システム（DiMAPS）の概要と特徴

DiMAPSの概要

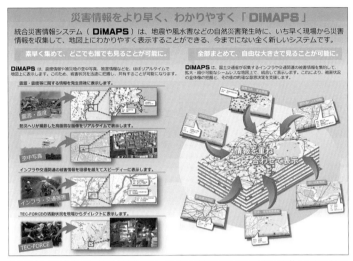

地震や風水害などの自然災害発生時に、いち早く現場から災害情報を収集して地図上にわかりやすく表示することができる今までにないシステムとして構築された（国土交通省ウェブサイト掲載の「統合災害情報システム（DiMAPS）」紹介用リーフレットより抜粋）

DiMAPSの特徴

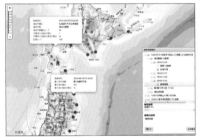

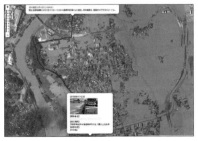

上左：地震発生時に、震源、震度、津波に関する情報を発生直後に表示することができる
上右：インフラや交通関連の多岐にわたる被害情報を地図上に重ね合わせて表示することができる
下左：防災ヘリが上空から撮影した被災箇所の映像や現地からの画像などを迅速に地図上に表示することができる

（地震調査研究推進本部ウェブサイトより）

正しく安全な避難に役立つ
ハザードマップ

義務化されたハザードマップの作製と事前説明

2015年7月施行の「水防法等の一部を改正する法律」により、すべての自治体は洪水ハザードマップの作製が義務化されました。また、2020年8月からは、「宅地建物取引業法施行規則の一部改正」が施行されて、不動産取引時に水害（洪水・内水・高潮）ハザードマップによる、対象物件の所在地を事前に説明することが義務づけられました。もちろん、ハザードマップ上、浸水想定区域外であれば問題がないわけでなく、ハザードマップがどのように作製されたのかを理解し、どこに、どのような災害リスクがあるのかを知っておく必要があります。ハザードマップには、一般図の上に浸水の深さで示された洪水浸水想定区域、土砂災害区域、指定緊急避難所などの情報が書き込まれており、正しく安全な避難行動のために役立つものです。

ハザードマップポータルサイトの公開

国土交通省は、全国の自治体が作成した「ハザードマップポータルサイト〜身のまわりの災害リスクを調べる〜」を公開しています。そのサイトでは、洪水・土砂災害・高潮・津波のリスク情報、道路防災情報、土地の特徴・成り立ちなどを地図や写真に自由に重ねて表示できる「重ねるハザードマップ〜災害リスク情報などを地図に重ねて表示〜」と、各市町村が作成したハザードマップへリンクできる「わがまちハザードマップ〜地域のハザードマップを入手する〜」が提供されています。

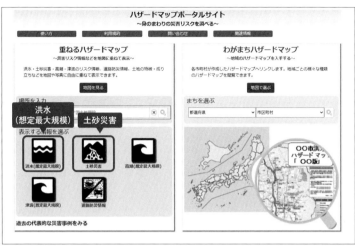

「ハザードマップポータルサイト」のトップページ（上）、「重ねるハザードマップ〜災害リスク情報などを地図に重ねて表示〜」で洪水（想定最大規模）（中）、土砂災害（下）を地図表示した例（「ハザードマップポータルサイト」〈国土交通省〉ウェブサイトより）

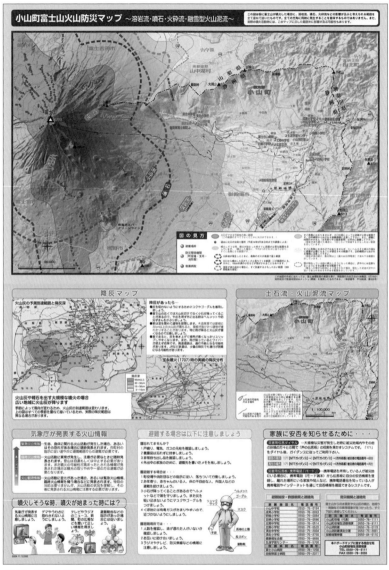

「ハザードマップポータルサイト」のトップページから、「わがまちハザードマップ〜地域のハザード
マップを入手する〜」で「小山町富士山火山防災マップ」（静岡県小山町）を表示した例（静岡県
小山町ウェブサイトより）

「小山町富士山火山防災マップ」は、仮に富士山が噴火した場合の溶岩流、噴石、火砕流などの
影響が及ぶと考えられる範囲をすべて重ねて描いたもの（静岡県小山町ウェブサイトより）

Chapter 4

08 | GISを用いた将来計画「ジオデザイン」

ジオデザインを大きく変えたGISとGIScの発展

2010 年頃から、欧米の GIS 分野において注目を集めている「ジオデザイン（Geodesign）」は、地理学（Geography）＋計画学（Design）の造語ですが、その起源は、GIS を用いた「ランドスケーププランニング（Landscape Planning）」にあります。そして、近年の GIS と地理情報科学（GISc）の発展が、これまでの地図の重ね合わせに基づくジオデザインを大きく変えました。

ジオデザインを生み出したハーバード大学名誉教授カール・スタイニッツ（Carl Steinitz）の著書『ジオデザインのフレームワーク』

ジオデザインの6つの問いかけに連動した6つのモデル

地域の理解

1　どのように対象地域は説明されるべきか？
2　どのように対象地域は機能するのか？
3　現状の対象地域はよく機能しているのか？
4　どのように対象地域は変化するのだろうか？
5　どのような違いが変化によってもたらされるのか？
6　どのように対象地域は変えられるべきか？

→ 手法の特定

研究の実行

1　表現モデル
2　プロセス・モデル
3　評価モデル
4　変化モデル
5　インパクト・モデル
6　意思決定モデル

ジオデザインは、デザインの専門家、地理学者、情報技術者、地域住民の4者の協働作業を必要とする

では、「あらゆるジオデザインは、6つの問いかけからはじまる」とされています。地域は、デザインの専門家、地理学者、情報技術者、地域住民の4者の協働からなるジオデザインによって、変えられていく必要があります。

スタイニッツのジオデザインの最大の特徴は、6つの問いかけを地図で表現し、重ね合わせや再分類を含む「カルトグラフィック・モデリング」というGIS技術を用いる点と、ひとりがすべてを行うのではなく、地域住民を含めた協働、そしてそれらをコーディネートする能力の重要性を説いている点にあります。そして、近年のGISとGISc技術の発展が、この協働を可能にしたというのです。

デジタル地図を用いて作成される6つのモデル

ジオデザインは、GISを活用して地域の将来計画を行う枠組みです。それは、地域の将来を利害関係者間の対話を通して合意形成することで、スタイニッツの6つの問いかけに連動した、①表現、②プロセス、③評価、④変化、⑤インパクト、⑥意思決定の6つのモデルを通して行われます。

「表現モデル」は地域の特性を時空間的に理解し、その特性が地域でどのように関連しあっているのかを「プロセス・モデル」として特定します。そして、保全の立場と開発の立場といった対立する視点から「評価モデル」を作成し、その評価に基づいて、地域の将来計画（「変化モデル」）を考え、その地域への影響を「インパクト・モデル」として示すことになります。最終的には、それに基づいて利害関係者間での合意形成（「意思決定モデル」）が行われます。ジオデザインでは、この6つのモデルがすべて、デジタル地図を用いて作成されるということがポイントとなります。

09 | 地方自治体でのGISの展開

GISの有効性と重要性を知らしめた事例

地方公共団体での黎明期の GIS の事例としては、兵庫県西宮市の取り組みが挙げられます。1975 年、西宮市は建設省（現在、国土交通省）の都市情報システム（UIS）の実験モデル都市となり、その開発が進められました。しかし、技術的な問題や庁内でのデジタル化が十分に進んでいなかったこともあり、莫大な経費をかけたにもかかわらず、実用化までに至りませんでした。その結果、当時、「自治体 GIS は高額で、使い物にならない」といった悪評が立ちました。

その後、西宮市は住民基本台帳を基盤とする総合行政情報システムの開発に取り組み、「西宮市位置座標方式」を確立させました。これは、住所・地番のすべての経緯度を特定するもので、当時としては画期的なシステムでした。そしてこのシステムが、1995 年 1 月に発生した阪神・淡路大震災での被災者支援業務に活かされることになります。西宮市の被災者台帳を基盤とする各種被災状況分析・関連図や復旧・復興関連図出力などへの GIS 活用が、GIS の有効性と重要性を社会全体に知らしめることになりました。

その結果、関係省庁の密接な連携の下に、GIS の効率的な整備およびその相互利用を促進するために、1995 年 9 月、「地理情報システム（GIS）関係省庁連絡会議」が内閣に設置されました。そして、GPS（全地球測位システム）の活用が行政・民間のさまざまな場面で進められ、2000 年以降は、GPS をより精度の高い測位・測量に活用することが可能となりました。

また、それに合わせて「測量法」が改定され、2002 年から世界測地系が導入されたことにより、GPS が示す位置座標と国内の地図が示す座標値が一致することになり、GIS と衛星測位の活用がさらに進むことになりました。

2007 年には、地理空間情報の活用の推進に関する施策を総合的かつ計画的に推進することを目的として制定された「地理空間情報活用推進基本法」が議員立法で策定され、GIS は、地理学あるいは地理情報科学の学問分野だけでなく、国・地方公共団体や民間での利用が大きく展開することになります。

西宮市が開発した、住民基本台帳を基盤とする総合行政情報システム「にしのみや Web GIS」のトップページ（上）。下図は、西宮市役所を中心とした地番参考図の表示例（兵庫県西宮市ウェブサイトより）

10 民間でのGISの活用

設備管理システムでのGIS活用

1980年代後半に欧米で起こるGIS革命以前から、日本でも民間や行政でのGISの活用が実験的に行われていました。その代表的なものは「AM(Automated Mapping)／ FM(Facilities Management)」と呼ばれる、コンピューターによる設備管理システムです。

たとえば、東京ガスは、1970年代後半から、サービスエリア全域(3,000㎢)をカバーする、約28,000枚の500分の1の図面をすべてデジタル化し、ガス設備の管理や配管網の最適設計などに活用するようになりました。それ以前は、膨大な紙地図で図面管理が行われていたようで、ガス漏れ発生時に、その付近の当該紙地図の図面を素早く探し出すことは、大変な作業であったと想像されます。

住宅地図の付加価値

国や地方公共団体などで作製されたデジタル地図の多くはオープンデータとして公表されていますが、民間の地図作製会社は付加価値をつけることで、有償で販売しています。たとえば、カーナビゲーションの地図や住宅地図など、道路や建物一つひとつの形状や住所が示された大縮尺の地図などが代表的なものです。これらの民間が作製する地図は、都市計画図のように5年程度で更新されるものとは異なり、より短い期間で更新され、最新の情報が定期的に提供されます。

また、ゼンリンの住宅地図のように、建物階数や表札名などの情報が含まれた地図もあります。その他に、ゼンリンでは、詳細情報として複合施設の戸数や延床面積などを保有しています。これらの情報が含まれた地図や詳細情報は、あらゆる業界のマーケティングにも活用されています。

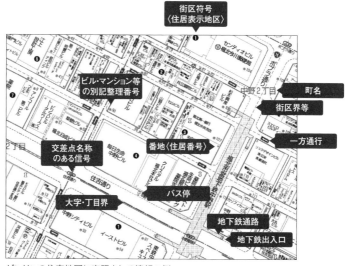

ゼンリンの住宅地図に表記される情報の例

最短ルート検索に適した道路データ

国土地理院がオープンデータとして提供する空間データ基盤では、道路縁のベクターデータが提供されていますが、道路中心線に関するデータは、2500分の1数値地図（国土基本情報）に道路種別や幅員などの情報が含まれています（有料頒布）。民間が作成・販売する道路（中心線）データは、北海道地図や住友電気工業などから販売されています。ラインのベクターデータで提供される道路データは、幅員や一方通行などの属性データを持ち、ネットワーク構造が構築されており、最短ルート検索などに適しています。

居住者特性を可視化する
社会地図（Social Atlas）

居住者特性を地図化する試み

国勢調査などの人口に関する地図は「社会地図（Social Atlas）」
と呼ばれます。市区町村よりも細かな街区や町丁目レベルでの居住
者特性を地図化する試みは、19世紀後半の英国の実業家であった
チャールズ・ブース（Charles Booth）による「ロンドン貧困地図」
にはじまり、米国シカゴ大学社会学部を中心にして形成されたシカ
ゴ学派の都市社会学者に受け継がれます。その後、米国の都市社会
学者アーネスト・ワトソン・バージェス（Ernest Watson Burgess）
によるダーウィンの進化論を基礎とする人間生態学は、1950年代
後半に起こる地理学における計量革命に後押しされて、社会地区分
析、因子生態研究へと発展していきます。

チャールズ・ブースによる「ロンドン貧困地図」（© 2016 London School of
Economics & Political Science）

居住地域構造の研究

地理学的研究としては、地理行列（行方向に地区、列方向に変数を配置したデータ行列）を用いた居住地域の等質地域区分として、さらにはその空間的分布に着目した居住地域構造の研究が世界の主要な大都市を対象に行われます。その結果、大都市圏の居住者属性ごとの住み分けである居住地域空間構造として、アーネスト・バージェスの同心円モデル（別名「バージェス・モデル」）や、米国の土地経済学者ホーマー・ホイト（Homer Hoyt）の扇形モデル（別名「セクター・モデル」）といった、空間的パターンが実証的に明らかにされました。

居住地域空間構造としての同心円モデルと扇形モデル

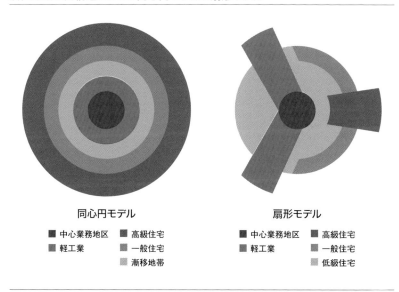

同心円モデル（左）は、中心に中心業務地区、その周辺に軽工業地域、その外側には工場などとやや低級な住宅地（漸移地帯）、さらにその外側に一般住宅、高級住宅があるという理論。一方、扇形モデル（右）では、軽工業地域は鉄道などが利用できる便利な場所にあり、高所得者層は工業地域から離れた住環境の良い場所に住もうとするという特徴がある

ジオデモグラフィクスによる
エリアマーケティング

ジオデモグラフィクスの定義

居住地域構造の研究は、1980年代後半の欧米で起こるGIS革命を経て、「どこにどのような人が住んでいるのか」という問いに答える「ジオデモグラフィクス」と呼ばれる応用研究として展開します。地理学の「Geography」と、人口統計学的データ、属性が同じ人々の層を意味する「Demographics」からなる造語のジオデモグラフィクスは、「その人の住んでいる場所による居住者の分析」「住民分類、場所のマーケティング」と定義されています。そして現在では、国勢調査以外の空間ビッグデータの分析を含めて、「人々の社会経済的・行動的データの地理学的パターンの分析」として、広義に用いられています。

ジオデモグラフィクスでは、膨大な小地域の国勢調査データに主成分分析とクラスター分析を適用して、小地域の類型化を行います。その類型化された地区分類に基づいて、国勢調査では得られない、ライフスタイルに関する民間調査データをあてはめて、各地区類型の居住者の特性がまとめられます。さらに、居住地タイプの情報を要約して、一言でわかるようなネーミングが付されます。

エリアマーケティングへの活用

1990年代には、エリアマーケティングのための商業ベースのジオデモグラフィクスとして、英国のMosaic、Cameo、米国のPrizm、Tapestryなどが開発され、さまざまな業界で活用されています。

ジオデモグラフィクスを活用する店舗は、まず、顧客リストの住所情報をもとに顧客マップを作製し、顧客が卓越するジオデモグラフィクス地区類型を特定します。そして、店舗側のマーケティング戦略は、当該店舗周辺で同一地区類型を地図化して、「同じ社会属性を持つ居住者は、同じライフスタイルや消費行動を行う」という仮説のもとに、顧客の少ない地区があれば、そこへの効果的な宣伝を実施するというものです。具体的には、各企業や店舗は、特定の地区類型の地区へのチラシのポスティングを行い、地区類型に対応させて、店舗の新規出店場所の探索や店舗ごとの商品の品揃え、割引設定などを行い、売上の最大化を図ることになります。

また、欧米では、保険会社が設定する交通事故などの自動車保険の保険料に関しても、年齢や職業によって割引が行われる以外に、ジオデモグラフィクスによる地区類型ごとの事故率の差異を考慮して割引を行っています。

13 日本のジオデモグラフィクス

欧米企業によるジオデモグラフィクスの構築

日本におけるジオデモグラフィクスの開発は、国勢調査で全国の小地域統計（町丁・字等）とその境域 GIS データが公開される 1995 年以降となります。しかし、1995 年国勢調査は簡易調査のため、たとえば、学歴や人口移動に関するデータがないなど、表章変数（あらわすことができるデータの入れ物）が限定的であったこともあり、本格的なジオデモグラフィクスの開発は、2000 年国勢調査（大規模調査）の小地域統計のすべての表が公表された 2004 年以降のことでした。英国 Experian（Mosaic）、Gmap（Cameo）、米国 Acxiom（Chomonicx）のマーケティング会社によって、2000 年国勢調査のデータを用いて 3 つのジオデモグラフィクスが日本でも構築されるようになりました。

「モザイク・ジャパン2015」

筆者も開発に関わった、英国 Experian の子会社エクスペリアンジャパンが作成した「モザイク・ジャパン 2015」は、2010 年国勢調査や当時の年収階級別世帯数推計で作成された「モザイク・ジャパン 2010」をベースに作成されたもので、地区類型は、A 〜 N の 14 グループ（大分類）と、各グループをさらに 2 〜 5 に分けた計 52 タイプ（小分類）に分類され、これらのグループ、タイプには、居住者特性を一言で表したネーミングがなされています。そして、各地区類型の居住者特性をわかりやすく解説するために、地区類型の作成に用いた、年齢、世帯構成、学歴、収入などの社会・

経済特性や、金融証券、車、貯蓄、キャッシュカード利用、利用食料品店、ペット、購読雑誌、スポーツ、旅行などのライフスタイルの特徴が示されています。

たとえば、グループD「郊外住まいの若い家族」は、「大都市郊外の新興住宅地で子どもとともに暮らす、経済的に順調な成功した若いホワイトカラーの家族世帯」とまとめられ、さらに5つのタイプに細分化されます。その中のタイプD11「若い一般家庭」では、「子どもの成長や出産に伴い郊外にマンションを購入した、働き盛りの大黒柱のいる家族世帯」としてまとめられます。

「モザイク・ジャパン2015」における地区類型（大分類）

グループ	ネーミング
A	大都市で活躍するエリート
B	高級住宅地のエグゼクティブ
C	都市周辺・地方都市の豊かな中高年
D	郊外住まいの若い家族
E	都市部の典型的な会社員
F	キャンパス周辺の大学生や大学関係者
G	地方中核都市の若者世代
H	地方の賃貸住宅ファミリー
I	工業都市の勤労者
J	農林漁業を営む家族
K	地方都市の共働き世帯
L	過疎地の高齢者
M	高齢化地域の住民
N	都市部の公営住宅や賃貸アパート住民

エクスペリアンジャパンウェブサイトをもとに作成

14 ジオデモグラフィクスの 公的分野への活用

居住者特性の多様性を考慮に入れた住民サービス

商業ベースでのジオデモグラフィクスの活用を、「住民サービス」という視点に置き換えれば、公的分野に適用することもできます。

2000年代中頃、英国では、国や自治体が医療や防犯、教育などの公的分野で、ジオデモグラフィクスを活用しはじめました。たとえば、医療分野では、公的な健康診断の案内を住民に伝達する場合に、ポスティング、貼り紙、折り込み広告などの方法がありますが、地域住民の社会・経済特性やライフスタイルによって、どのような情報の伝達手段が最も効率が良いかを検討することができます。

また、防犯分野では、主な犯罪の種類（空き巣、ひったくり、車上荒らしなど）が地区ごとに異なることから、犯罪発生地点とジオデモグラフィクスの地区類型を対応させることで、罪種と地区類型との関係を見ることができます。その結果、地域住民への防犯啓蒙活動を、当該地区に固有な罪種と対応させて効率的に行うことができます。そして、教育分野においても、地区類型と教育水準に高い相関関係が見られることから、奨学金の配分や学校の教育強化政策などが地区類型に対応して行われています。

都市内部の居住者特性は複雑な空間的パターンを表しています。よって、民間や自治体が行うさまざまな住民サービスは、居住者特性の多様性を考慮に入れながら、きめ細かに行うことが今後不可欠となることは間違いありません。

関東地方のいくつかの市を対象とした罪種と地区類型の関係例

地区類型	空き巣 (0 100 200 300)	ひったくり (0 100 200 300)	車上荒らし (0 100 200 300)
A: 大都市で活躍する エリート			
B: 高級住宅地の エグゼクティブ			
C: 都市周辺・地方都市 の豊かな中高年			
D: 郊外住まいの 若い家族			
E: 都市部の 典型的な会社員			
F: キャンパス周辺の 大学生や大学関係者			
G: 地方中核都市の 若者世代			
H: 地方の賃貸住宅 ファミリー			
I: 工業都市の勤労者			
J: 農林漁業を営む 家族			
L: 過疎地の高齢者			
M: 高齢化地域の住民			
N: 都市部の公営住宅 や賃貸アパート住民			

地区類型別では、AやB、D、F、Nでは、いずれの犯罪も発生しにくい。一方、HやLでは、いずれの犯罪も発生しやすい。犯罪の種類で見ると、空き巣はHやLに加えて、C、Iで多く、車上荒らしは、I、Mで多いことがわかる。これらの地区類型別、犯罪種別の傾向を地域ごとの防犯活動に活かすことができる

ダイレクトメールに活用される名前・住所データベース

電話帳や住宅地図の情報から作成されるデータベース

広告主は、ジオデモグラフィクスの地区類型を用いてターゲットとなる潜在的な顧客の地区を特定し、広告チラシをポスティングします。しかし、ポスティングされた広告チラシの多くは、そのままゴミ箱に廃棄されます。宛名に「居住者様」と印刷されていたら、そのチラシを見る確率は若干高くなるかもしれません。さらに、宛名に自分の名前が書かれた郵便物は、その中身を確認される確率が高くなります。

そこで、大手ダイレクトメール企業は、名前と住所の情報を合法的に収集して、名前・住所データベースを作成・販売しています。2003 年の「個人情報保護法」制定以前は、住民基本台帳の閲覧や、各種学校の卒業生名簿、企業や学協会などのあらゆる名簿の流通により、いわゆる「名簿屋ビジネス」が横行していましたが、「個人情報保護法」制定以後は、NTT 電話帳やゼンリン住宅地図の情報に基づいて、最新の名前・住所データベースが作成されています。

宛名に自分の名前が書かれた通販会社などからのダイレクトメールには、この名前・住所データベースが活用されています。また、選挙の際にも、この名前・住所データベースが活用されていると言われています。

名前と住所以外の属性を推計する試み

欧米では、市民権を有する選挙人の名簿が毎年公開されています。欧米のダイレクトメール企業は、この公開された選挙人名簿をデータベース化して、名前・住所データベースを作成してきました。しかし近年、個人情報保護の観点から、選挙人名簿に対して「オプトアウト」が適用されるようになりました。これは、選挙人名簿の情報を第三者に提供することを拒否するものです。最近では、日本のNTT電話帳にもオプトアウトが適用され、ハローページへの掲載を拒否することができるようになっています。

欧米では、公開された毎年の選挙人名簿による名前・住所データベースを用いて、名前と住所以外の属性を推計する試みがなされています。たとえば、英国では18歳から選挙権を得るので、新たに選挙人名簿に名前が加わると、その年、その世帯には18歳の人物がいるということがわかります。また、世帯の構成員に異動が生じれば、死別か離婚といった変化が生じた可能性があることを推測できます。

名前・住所データベースによる名字マップの作製

名前・住所データベースでわかる約15万種類の名字

名前・住所データベースの名前は、名字（苗字）と下の名前から構成されます。このデータベースの名字に着目すれば、「どの地域に、どのような名字が多く見られるのか」「非常に珍しい名字の人が、どの地域に住んでいるのか」という問いに答えることのできる「名字マップ」を作製することができます。

2007 年の NTT 電話帳とゼンリン住宅地図の表札名から作成された名前・住所データベースには、全国で約 4500 万件の名前が含まれており、その数は日本の世帯数とほぼ同じです。このデータベースから名字の種類を数えると、カタカナやローマ字などを含んで 15 万種類程度あります。代表的な名字は、佐藤（64.4 万件）、鈴木（56.3 万件）、高橋（47.4 万件）、田中（45.4 万件）、山本（37.1 万件）です。また、上位 1,000 番目までの名字で、全国約 4500 万件のうちの約 2 ／ 3 を占めています。

名字マップの作製例

ここでは、全国第 131 位で 50,200 件ある名字「矢野」の都道府県別と市区町村別の地図を右に示します。それぞれ、上は絶対数のシンボルマップで、下はインデックス（特化係数）を示しています。たとえば、全国における名字「矢野」の比率は 0.1116%（50,200 件／ 44,993,866 件）で、都道府県別では人口規模の大きな東京や大阪が絶対数で多くなりますが、インデックスの最も高い愛媛県の

比率は 0.7993％（4,663 件／ 583,385 件）です。この比率の比が
インデックスに対応し、愛媛県の比率は全国の平均比率よりも約 7
倍多いということを意味します。

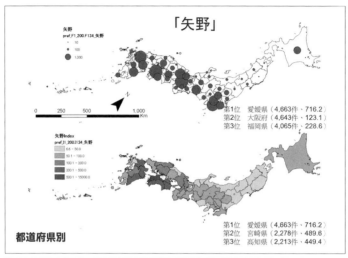

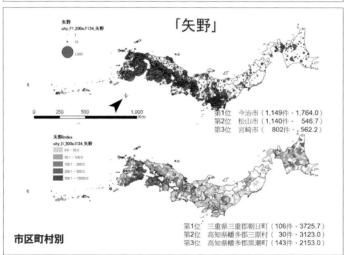

「矢野」の名字の分布は、都道府県別では、愛媛県、宮崎県、高知県など西日本、特に、豊後水道に面した地域に卓越する。なお、「矢野」の名字の由来は、「湿地帯、柔らかい土地（ヤチ）」を意味する場所と言われ、「矢野」という地名も愛媛県や広島県に見られることから、地名と名字の関係も示唆される（著者作製）

17 地図からのツイート検索

「ジオタグ」による地図上への可視化

現在、Line、Twitter、Instagram、Facebook などの SNS が、日常的に多くの人に利用されています。2017 年の日本における月間アクティブユーザー数は、Line 約 8300 万人、Twitter 約 4500 万人、Instagram 約 3300 万人、Facebook 約 2600 万人です。

Twitter は、140 文字以内の「つぶやき」ですが、そこには、写真やニックネーム、つぶやいた時間といった情報に加え、つぶやいた場所の位置情報が「ジオタグ」として含まれることがあります。ジオタグは、つぶやいた本人がその位置情報を公開するかどうかを、オプトアウトで設定できますが、一般的に、すべての Twitter の約 1% にジオタグが付加されていると言われています。このジオタグ付きの Twitter に含まれる情報を利用して、Web 上でのインタラクティブな地図がいくつか公開されていますが、なかでも、「ちずツイ」が機能的によくできています。このサイトでは、ジオタグ付きの Twitter に関して、いつ、どこで、どのような「つぶやき」が発信されたかが、地図上に可視化されます。

Twitter情報の活用事例

研究機関や企業には、Twitter の API（Application Programming Interface）を使って、膨大な Twitter 情報をダウンロードしているところもあります。ロケーションビッグデータ解析技術を用いた地域活性化支援サービスを得意とするベンチャー企業のナイトレイ

は、ジオタグ付き Twitter に含まれる位置や日時の情報と、つぶや
きの内容、写真などを詳細に分析し、通常の統計情報では得られな
い、観光客の時空間的ホットスポットを明らかにしています。

具体的な事例としては、2010 年代後半の訪日外国人客（インバウ
ンド）が急増した時期に、Twitter のつぶやき内容や写真から、訪
日外国人客が東京ドームでの野球観戦や野外フェスティバルなどに
多数参加していたことを分析したり、Twitter 投稿者の ID から、
日本での周遊行動などを明らかにしたりして、観光関連業界に有料
で情報レポートを提供しています。また、つぶやきの中に含まれる
方言に着目して、その地域差を見ることや、特定の施設の関係者が、
その施設以外のどこでつぶやいているかの情報から、当該関係者の
行動範囲を特定する試みもなされています。

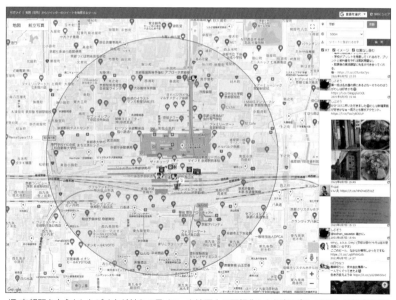

JR 京都駅を中心としたジオタグ付きの Twitter を地図上に可視化した例(ちずツイを用いて筆者作製)

18 人流データの活用

携帯電話の時空間位置情報

2020年以降、新型コロナウイルス感染拡大により、ニュースなどで緊急事態宣言対象区域における主要な場所の人出の増減データを目にする機会が増えました。このようなデータは「人流データ」と呼ばれ、携帯大手キャリアから、「モバイル空間統計」(NTT docomo)、「位置情報ビッグデータ」(KDDI〈au〉)、「流動人口データ」(Agoop〈SoftBank〉) として、高額な価格で販売されています。

携帯電話が普及した現在、人の動きは人々が携行する携帯電話の時空間位置情報から取得され、記録されています。多くの人は、個人情報保護の観点から不安を持ちますが、携帯電話を購入する際には、基本的に個人を特定できない条件下での時空間位置情報の利活用への許諾を行っています。携帯電話の利用者情報からは、電源の入った携帯電話の時空間位置情報に加え、性別、年齢、居住地などの個人属性が含まれますが、個人が特定されないように、集計する空間単位や時間単位を広げることによって、対象サンプル数が極端に少なくならないような措置がとられています。

「モバイル空間統計」(NTTdocomo)

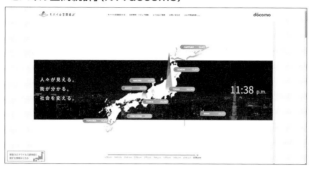

「KDDI Location Analyzer(位置情報ビッグデータ)」(KDDI〈au〉)

「流動人口データ」(Agoop〈SoftBank〉)

上：「モバイル空間統計」(NTTdocomo)、中：「KDDI Location Analyzer」(KDDI)、下：「流
動人口データ」(Agoop) ウェブサイトより

人流データによる人の動きの可視化

夏の京都を彩る祇園祭は、7月の1か月にわたって多彩な祭事が行われる八坂神社の祭礼です。なかでも、前祭7月14 〜 16日と山鉾巡行17日、後祭7月21 〜 23日と山鉾巡行24日が、多くの人が集まる中心的な行事日程となります。7月16日の宵山では、歩行者天国となる四条烏丸界隈に、多い時には30万人を超える人出が見られます。このような場に、どこから、どのような人が集まるのかを知ることは容易ではありません。

しかし、人流データを用いると、京都市都心部の500mメッシュ単位で、1時間ごとの男女別・年齢階級別の人出の数や、その人が京都市内居住なのか、京都市以外の関西あるいは東京からの来訪者なのかなど、さまざまな人の動きの可視化が可能となります。

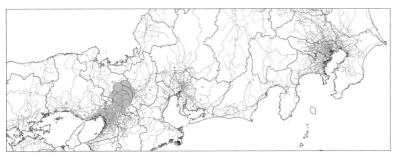

祇園祭開催期間中に山鉾巡行エリアに滞留する人口の居住地を示す地図。京都を中心とした関西圏からの来訪が多いが、首都圏や中部、北陸などからの来訪もあることがわかる（著者作製）

GISが支える
21世紀の社会

高校「地理総合」における
GIS教育の必修化、スマート
自治体への転換、自動走行の
実用化など、「Society5.0」
と「SDGs」の実現を支える
GISの役割は重要です。

01 | 「Society 5.0」とGIS

フィジカル空間とサイバー空間の高度な融合

「Society 5.0」とは、2016年1月に閣議決定された「第5期科学技術基本計画」の中でキーとなった概念で、現実世界（フィジカル空間）とサイバー空間を高度に融合させ、ビックデータをAIで解析することで、経済発展と社会的課題の解決が両立する社会の姿を描いたものです。狩猟社会（Society 1.0）、農耕社会（Society 2.0）、工業社会（Society 3.0）、情報社会（Society 4.0）に続く、新た

「Society 5.0」の概念

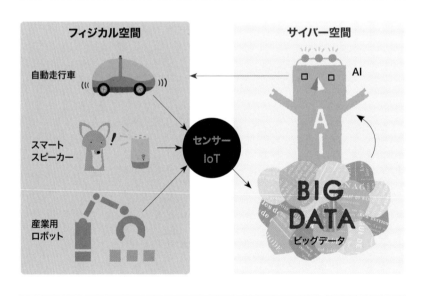

フィジカル空間における環境情報、機器の作動情報、人の情報などがセンサーとIoTを通じてビッグデータとして集積され、AIによる解析により、高付加価値な情報、提案、機器への指示としてフィードバックされる

な社会とみなされています。Society 5.0においては、位置情報を
もつ電力や交通、通信、上下水道といった社会インフラのメンテナ
ンスも重要なテーマとなっており、そこでGIS、AI、IoTが効果
的に活用されます。

データ主導型社会の到来

GISは、時空間的な位置に関する属性を備えた地理空間情報を、そ
の位置をもとに地図上に重ね合わすことで得られる新たな総合的な
知識を活用して、意思決定を支援するツールと言えます。準天頂衛
星システム「みちびき」によるSLAS／CLASといった位置精度の
向上、無人航空機（UAV、Unmanned Aerial Vehicle、通称「ドロー
ン」）などによる空中からの動画や写真撮影、人流データなどの空
間ビッグデータの出現などが、Society 5.0を実現させています。
データ主導型の社会が到来したわけです。

1995年4月に英国リーズ大学でお会いしたGIS研究の第一人者ス
タン・オープンショー教授が提唱していた「GeoComputation（ジ
オコンピュテーション）」が実現してきたと思います。オープン
ショー教授は、GIS革命が終焉し、地理情報科学（GISc）がはじ
まろうとしていたときに、「これからは、新しい膨大な地理空間情
報が蓄積され、それを分析するための大容量で高速のコンピュー
ターが出現する。そして、その膨大な情報を処理可能とするスマー
トな処理技術としてAI（ニューラルネットワーク、遺伝的アルゴ
リズムなど）がある」と主張していました。当時、筆者は、このこ
とが何を意味するかは即座に理解できませんでした。しかし、オー
プンショー教授の考えが、現在、身近に起こっていると感じていま
す。彼は25年前に、現在の地理情報科学の発展を予見していたと
言えます。

02 進化するカーナビゲーション

双方向での情報のやり取り

今日では、多くの自動車にカーナビゲーションが搭載されています。カーナビゲーションは、GPS からの信号によって現在地を特定し、目的地の住所や施設名、電話番号や郵便番号を入力するか、地図上で行きたい場所を特定することによって、現在地から目的地までの最短ルート（時間、有料道路の利用の有無など）を画面上に地図として表示してくれます。また、その地図も交差点などでは3次元で表示されて、音声による進路誘導を行う機能まであります。

このように、カーナビゲーション単独での機能が高度化する一方で、自動車メーカーと双方向での情報のやり取りが行われるようになりました。走行中の車の位置情報が、自動車メーカーのサーバーにリアルタイムに送られるようになっています。車の位置情報だけでなく、時間情報と合わせて、走行速度や急ブレーキなどの情報も送られ、サーバー側ではその情報を解析して、渋滞情報を提供します。そのリアルタイムの渋滞情報は、カーナビゲーションに地図情報として配信され、渋滞を回避しながら目的地までのルート変更を提案することもできます。

デジタル地図のリアルタイムな更新

さらに、このような自動車走行に関する情報を蓄積すれば、膨大な空間ビッグデータが作成されます。そのデータを用いれば、たとえば、多くのドライバーが走行中に急ブレーキを踏む場所を特定する

ことで、そこには道路構造上の問題や適切な標識表示の不備などの潜在的な事故の可能性があることを示唆します。

また、デジタル地図上では、道が描かれていないところに車の往来記録が見られれば、工事中であった道路が開通したことなどの情報を提供してくれます。これらの情報は個人を特定する必要のないボランタリーな情報で、巨大なクラウドソーシングとも言えます。また今後は、ドライブレコーダーの映像と位置の時空間情報も蓄積されれば、信号の位置や標識などの更新情報や、道路沿いの店舗の情報などを自動的に更新するシステムも構築されるでしょう。

間もなく、自動走行が実用化の段階に入ります。個々の自動車のセンサーによる衝突回避が基本となりますが、自動ナビゲーションの実現には、リアルタイムにアップデートされるデジタル地図の更新が必須であることは間違いありません。

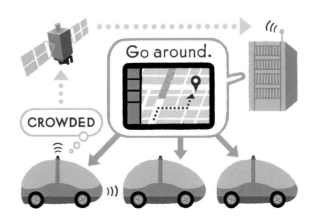

交通系ICカードの 空間ビッグデータ活用

公共交通機関による移動に関する情報の可視化

私たちが鉄道を利用する場合、かつては、駅の券売機で切符を購入していましたが、今日では、多くの人が Suica や ICOCA などの交通系 IC カードを利用するようになりました。さらに、クレジットカードやスマートフォンにアプリを入れて、改札を通る人も見かけます。この交通系 IC カードの空間ビッグデータを活用すると、日本全体の公共交通機関による利用者の移動に関する情報を可視化することができます。

これまでは、国や自治体は大都市圏の交通政策を策定するために、大規模なアンケートである「パーソントリップ（PT）調査」を実施して、市区町村よりも細かな空間単位で人の動きを調査してきました。PT 調査では、個人に対し調査票を配布し、いつ、どこへ、何の目的で、どのような交通手段で移動したのかを、細かに日記のように記録することで、ある 1 日の行動履歴を調べます。被験者の住所や職場、性別、年齢、職業などの個人属性も調査されます。

しかし、この調査方法は膨大な費用がかかるため、1970 年以降、おおむね 10 年に一度しか調査されていませんが、現在なら、交通系 IC カードの空間ビッグデータを活用することで、PT 調査で得られる情報の多くの部分をカバーできる可能性があります。

交通政策や計画へのビッグデータ活用

たとえば、「JR京都駅の中央改札を朝8時に通った人が、どの駅の改札を何時に通ったのか」という乗降の駅間のデータを蓄積することができます。これによって、京都駅の中央改札周辺にどの程度の乗降客数が滞留しているのか、あるいは、朝8時台の京都駅と二条駅の乗降客が何人ぐらいいたのかなどの、時空間的なビッグデータが得られます。さらに、交通系ICカードに、住所、年齢、性別などのクレジット払いのための情報が紐づけられていれば、年齢別、性別の乗降客数を推計することもできます。

これらのデータは、混雑解消のためのダイヤ改正や車両数の設定など、さまざまな交通政策や計画に活用でき、エキナカ店舗の出店計画にも役立つ可能性があります。実際に英国ロンドンでは、地下鉄やバスなどの利用に「Oyster card（オイスターカード）」という交通系ICカードが使用されており、そこから得られるデータを用いた研究や交通政策が行われています。

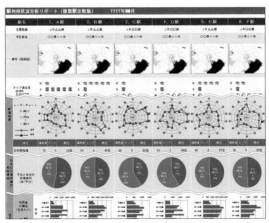

交通系ICカード分析情報による「駅利用状況分析リポート」の例。
※現在は提供を見合わせている（日立製作所ウェブサイトより）

04 カード情報とWeb検索

経営戦略に活用されるカード情報

皆さんの財布には、何枚のクレジットカードが入っているでしょうか。最近では、スマートフォンのアプリからでも登録可能なクレジットカードが多く、その登録時には、名前や生年月日、郵便番号、住所などの基本的な個人情報を提供しています。もちろん、「個人情報保護法」のもと、個人情報は極めて厳格に扱われていますが、これらのデータはデータベース化され、各企業が経営戦略に役立てているという側面もあります。

たとえば、私たちが出張で宿泊施設を探す場合、宿泊施設検索サイトを利用して、宿泊する月日と地域を選択し、価格や禁煙・喫煙、朝食付き、大浴場ありなどの条件、その宿泊施設の場所を地図で確認して、予約を入れます。検索サイトに挙げられている部屋の写真や口コミ情報などを参考にするかもしれません。利用者からみれば、こうした情報はその宿泊施設の位置をベースに重ね合わせて知識となり、最終的に予約という意思決定になります。

地理空間情報と関連付けられる空間ビッグデータ

一方、企業サイドは、利用者が最終的に予約した宿泊施設の価格、設備、チェックインの時間という意思決定の結果だけでなく、その選択結果にたどり着くまでの閲覧履歴などもビッグデータとして経営戦略に活用しています。さらに、予約後のキャンセルや、連絡もなく現れないノーショーの回数なども記録されていると思います。

インターネットを介したデータは情報として記録・蓄積され、ビッグデータとなります。そこには、地理空間情報と関連付けられる空間ビッグデータが多数あります。情報が地図として可視化され、知識に変えられます。そして、それは経営戦略のための知恵に変えられていきます。そこでは、GIS が大きな役割を果たすことは間違いありません。

空間ビッグデータの経営戦略への活用

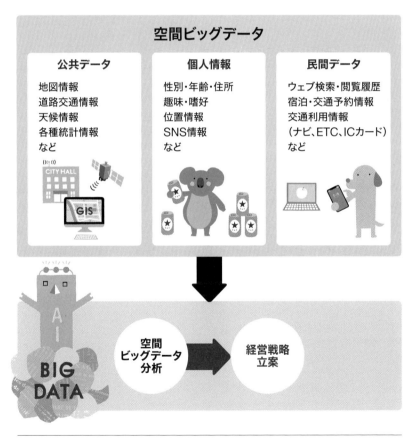

公共データや民間データ、個人情報には、地理空間情報と関連付けられる空間ビッグデータが含まれ、それらを AI を活用して分析することで、企業の経営戦略のための知恵に変えられる

スマート自治体の
必須ツールGIS

GISと密接に関わる行政サービス

一般の民間サービスにおける空間ビッグデータは、地方公共団体が行う地域住民への行政サービスに対しても同様に発生します。そして、行政サービスの多くは GIS と密接に関わっています。とりわけ、道路や上・下水道の管理、都市計画地域の設定、建築確認申請や開発許可、固定資産台帳や農地台帳の管理、福祉分野や観光分野などの日常業務に加え、将来計画の策定など、GIS を活用しなくてはならない業務がほとんどです。さらに、警察や消防などの部門においても、GIS は必須のツールとなっています。

現在、総務省が推進する「スマート自治体」への転換のもと、各自治体は業務の標準化・効率化を進めています。その中で、GIS は重要なツールのひとつとなっています。また、最近では、業務の効率化に向けて、「ロボットの代行による作業の自動化」である RPA（Robotic Process Automation）の導入が推進されています。RPA は、これまで人間にしかできないとされてきた知的な事務作業を、AI や Rules engine（ルールエンジン）などの最新技術を備えることで可能にしました。定型的な事務作業を自動化することで、大幅な残業時間の短縮や人件費の削減につながると言われています。特に、マウス操作やキーボード操作、データの取り込みといった定型業務やルーティン業務は RPA に向いており、これらの業務に関しては、人間よりも早く、正確に、それでいて無駄なく処理することができます。

自治体における「統合型GIS」導入状況と利用業務

「統合型GIS」導入状況

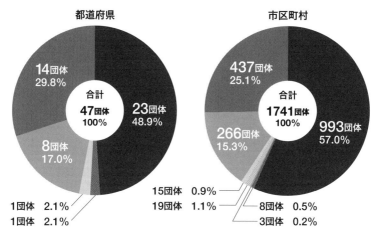

都道府県

合計
47団体
100%

23団体 48.9%
14団体 29.8%
8団体 17.0%
1団体 2.1%
1団体 2.1%

市区町村

合計
1741団体
100%

993団体 57.0%
437団体 25.1%
266団体 15.3%
15団体 0.9%
19団体 1.1%
8団体 0.5%
3団体 0.2%

■ 既に導入済み　■ データのみ整備中　■ システムのみ整備中　░ データ・システムとも整備中
░ システム設計等調査中　■ 導入検討中　■ 導入予定なし

「統合型GIS」利用業務（複数回答）

都道府県（23団体中）

消防防災	82.6%（19団体）	商工・観光	69.6%（16団体）	上水道	30.4%（7団体）
環境	82.6%（19団体）	河川	69.6%（16団体）	下水道	30.4%（7団体）
農林政	82.6%（19団体）	医療・福祉	65.2%（15団体）	地籍	17.4%（4団体）
教育	82.6%（19団体）	建築	47.8%（11団体）	清掃	4.3%（1団体）
都市計画	78.3%（18団体）	警察	39.1%（9団体）	固定資産税	0.0%（0団体）
道路	78.3%（18団体）	管財	30.4%（7団体）	その他	34.8%（8団体）

市区町村（993団体中）

道路	73.9%（734団体）	下水道	53.7%（533団体）	教育	38.0%（377団体）
固定資産税	69.3%（688団体）	管財	50.4%（500団体）	河川	35.1%（349団体）
消防防災	68.1%（676団体）	上水道	47.3%（470団体）	商工・観光	34.3%（341団体）
農林政	66.6%（661団体）	建築	45.0%（447団体）	清掃	25.5%（253団体）
都市計画	62.2%（618団体）	医療・福祉	43.8%（435団体）	住民登録	17.1%（170団体）
地籍	55.7%（553団体）	環境	42.9%（426団体）	その他	12.9%（128団体）

「地方自治情報管理概要～電子自治体の推進状況（平成30年度）～」（総務省）をもとに作成

GISを用いた行政業務の効率化

現在、各自治体は、深刻な人手不足に陥っているだけでなく、昨今の「働き方改革」の流れも受け、「人手不足の解消」と「職員の負担軽減」という課題を同時に抱えています。その中で、地理空間情報を扱う行政業務においてもRPAが推進されて、「統合型GIS」の普及に伴って、住民基本台帳の管理、福祉GIS、防災GISなどでのGISを用いた行政業務の効率化も視野に入ってきました。

かつて自治体では、各部局で高額なGISを導入したのに加え、いわゆる縦割り行政の弊害が問題となっていました。たとえば、おおむね5年ごとに作製が求められる都市計画図の基礎となる空中写真は、固定資産税課でも、建物の異動確認による固定資産税の算出のための基礎データとして撮影されていました。しかし、「固定資産税法」の制約により、その空中写真を都市計画に用いることは目的外利用となり、庁内であっても利用できないという問題が生じていました。そこで、都市計画や情報の部局が中心となって、地域の地理空間情報を統一的に集約した「統合型GIS」が取り入れられるようになり、部局間の重複による無駄を克服することができました。

2016年12月施行の「官民データ活用推進基本法」において、国および地方公共団体はオープンデータに取り組むことが義務付けられ、各自治体が持つさまざまな行政情報を公開する動きも活発化してきました。一方で、市民の力を取り入れた市民参加型GISの試みもあります。その代表例が、千葉市が行っている「ちばレポ」です。千葉市内で起きている「道路が傷んでいる」「公園の遊具が壊れている」といった地域での課題を、WebGISを使って市民がレポートすることで、市民と市役所(行政)、市民と市民の間で共有し、合理的・効率的に解決することを目指すしくみです。

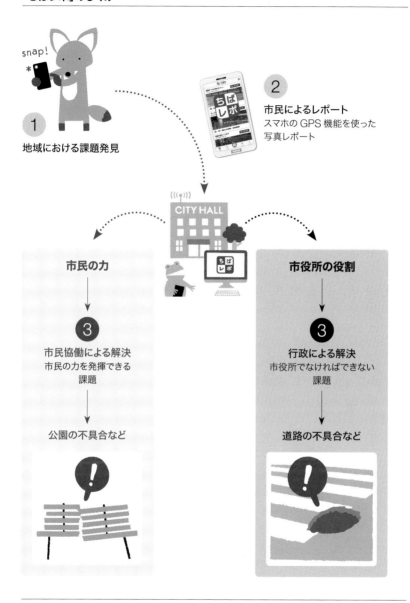

「ちばレポ」は、千葉市内で起きている地域での課題を、WebGIS を使って市民がレポートすることで、市民と市役所（行政）、市民と市民の間で共有し、合理的・効率的に解決することを目指すしくみ（千葉市ウェブサイト「ちばレポ」ページの情報をもとに作成）

06 リアルな3次元都市モデル

3次元都市モデルの整備・活用・オープンデータ化

3次元都市モデルを作成するには、まず、2次元の建物ポリゴンを
ベースにして、LIDARデータをベースにベクター形式の3次元建
物モデルを作成します。そして、現地で一つひとつの建物をデジタ
ルカメラで撮影し、テクスチャー・マッピング用の建物の側面デー
タを詳細に取得します。さらに、その3次元建物モデルに、手作
業で看板や植栽などの作り込みを行います。このように、時間と費
用をかければ、いくらでも精緻な3次元都市モデルを作成するこ
とができ、映画『マトリックス』のように、現実と違わないバーチャ
ルな空間を構築することができます。現在では、ArcGIS Online
などのWebGISで、このような3次元都市モデルを配信すること
ができるようになりました。国土交通省が主導する「PLATEAU（プ
ラトー）」は、日本全国の3D（次元）都市モデルの整備・活用・オー
プンデータ化を推進するプロジェクトです。

PLATEAUのデータをプレビューできる、Webアプリ
「PLATEAU VIEW」による3D都市モデル（東京駅
周辺）の表示例（筆者作製）

VR空間上に構築する3次元建物モデル

また、Unity などのゲーム開発プラットフォームを用いて、3次元空間を開発することもできます。たとえば、「Second Life」というインターネット上に構築された仮想空間（メタバース）では、ユーザーが仮想空間上に土地を購入し、そこに3次元建物モデルを構築します。そして、コンテンツを売買したり、参加者を表すVR上のキャラクターであるアバターに対して、展示やセミナーを開催したりすることができます。

最近では、「VRChat」のようなソーシャルVRサービスもあります。そこでは、詳細な内部も含めた3次元建物モデルなどをVR空間上に構築し、他人が操作するアバターとコミュニケーションが取れるしくみが構築されています。

「VRChat」に登録されている京都の街並みの3次元建物モデル画像（VRChat ウェブサイトより）

GISによる新型コロナウイルス感染症の可視化

時空間的な感染者数分布の考察と施策

2019 年 12 月に中国武漢市で感染が確認され、急激に感染が拡大した新型コロナウイルス感染症（COVID-19）の空間的拡散の状況を可視化するために、2020 年 1 月末には、米国ジョンズ・ホプキンズ大学のシステム科学工学センター（CSSE）が、WebGIS を活用したダッシュボードをいち早く公開しました。

このダッシュボードでは、世界の地域別（国、州、都道府県など）の感染者数、死者数、回復者数、時系列による感染者数のグラフなどを見ることができ、時空間的な感染者数の分布を見ることによって、さまざまな仮説が立てられています。そして、未だ完全な防御までに至らなくても、さまざまな知識が蓄えられ、ロックダウンや緊急事態宣言による移動制約の施策が、各国で試みられています。

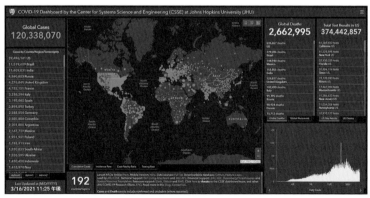

2021 年 3 月 16 日の「COVID-19 Dashboard」表示画像（「the Center for Systems Science and Engineering（CSSE）at Johns Hopkins University」ウェブサイトより）

GISによる位置情報サービスの活用事例

また、韓国、台湾、中国では、個人の行動履歴を政府が把握しているために、クラスターが発生した場合、濃厚接触者を特定して、PCR検査を受けさせるシステムをいち早く導入しました。日本でも、匿名性を保持しながら、クラスター発生の情報に基づいて、接触の可能性を通知してPCR検査を進める「新型コロナウイルス接触確認アプリ（COCOA）」などが開発されています。このようなアプリは、まさに個人の地理空間情報を活用したサービスであり、GISによる位置情報サービスが活用された事例と言えます。

PCR検査による感染者の詳細な時空間データが蓄積されれば、日本におけるCOVID-19の拡散状況を、GISで的確に可視化することができます。東北大学のグループは、全国の施設から掲出された感染者情報を集積して、縦軸に時間軸を置いた3次元マップで、感染者の時空間密度分布を可視化しています。これによって、クラスターの空間的集積がどこで生じているのかを明らかにするとともに、そのクラスターが継続しているかどうかなどの新たな知識の発見が明らかにされました。

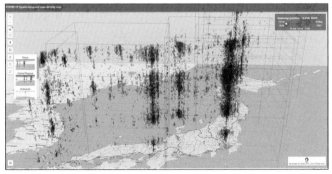

2020年2月14日から2021年5月30日の「新型コロナ時空間3Dマップ（全国版）」表示画像（開発：東北大学大学院環境科学研究科、JX通信社）

08 | GIS教育の必要性

高校で必修科目となる「地理総合」とGIS教育

1990年代に地理情報科学（Geographic Information Science、GISc）が誕生したときに、欧米の大学ではGIS教育の重要性がうたわれ、多くの大学の地理学部や地理学大学院にGISやGIScのコースが設置されました。特に、米国ではGIScを発展させるべく、1994年ころ、大学でのGIS教育の展開を図るために、GISに関わるさまざまな学問分野からのメンバーが集まってThe University Consortium for Geographic Information Science（UCGIS）が設立されました。そこでは、1988年にスタートした国立地理情報分析センター（NCGIA）のメンバーを中心に、GISやGIScに関して、GISの知識体系（GIS&T Body of Knowledge）が示され、GIS教育で教えられるべき内容が示されました。

日本の大学においても、地理学、土木工学、都市計画学、建築学などの学部や大学院でGIS教育がなされており、地理情報学概論、GIS概論といった講義科目やGIS実習などの実習科目が配置されています。また、2020年度からはじまる小学校・中学校・高等学校の学習指導要領においてはGISの活用も盛り込まれており、特に、2022年度からの高等学校「地理歴史科」では、これまでの世界史必修、日本史・地理選択から、新しく地理総合と歴史総合の2つが必履修科目（それぞれ2単位）となり、地理探究、世界史探究、日本史探究が選択科目として配置されることになります。

地理総合では、GIS を理解する上で重要な、地図を用いた地理的見方・考え方と GIS の方法や内容が、すべての高校生に教えられることになります。

技術者や自治体職員に広がるGIS資格取得

また、社会人を対象とした GIS 教育も重要です。米国では、1960年代に設立した URISA（The Urban and Regional Information Systems Association）が、1990 年代に入り、「GIS プロフェッショナル」という資格を設けました。GIS に携わる人たちは、自治体業務のことも、ICT のことにも精通している必要があります。経験が重要なのです。GIS プロフェッショナルでは、教育貢献度、実務貢献度、社会貢献度に分かれており、GIS の職業で働いたら働いた分だけ、GIS を教えたら教えた分だけ、ポイントが追加されるしくみになっています。それによって経験が評価され、役職や給与にも反映されます。GIO（Geographic Information Officer）はもちろん、その下に存在する GIS マネージャーや GIS アナリスト、GIS コーディネーターとして活躍しています。

日本では、地理情報システム学会が中心となって GIS 資格認定協会を設立し、米国の GIS プロフェショナルをまねて、「GIS 上級技術者」の資格を認定しています。GIS の関連企業の技術者や自治体職員がこの資格を取得しています。最近、ICT の先進的な取り組みをしている自治体では、最高情報責任者 CIO（Chief Information Officer）のポストを置く事例が増えましたが、さらに、統合型 GIS を指揮する地理空間情報を取り扱う責任者として GIO のポストを置く自治体も見られるようになりました。

21世紀の産業を支える
ジオテクノロジー

デジタル技術とビッグデータがもたらす新たな革命

1980年代後半に起こるGIS革命、その後の地理情報科学の誕生、そして、1990年代後半には、GISをベースとするジオテクノロジーが、バイオテクノロジーやナノテクノロジーと並んで、21世紀の産業を支える3つの科学技術のひとつとして挙げられ、現在に至ります。また、この10年間、コンピューターの性能の向上、インターネットの高速化、AI技術の発展、スマートフォンやICカードの普及など、GISを支えるツールや環境の大きな変化が見られ、インターネット上での地理空間情報のオープン化や新しい地理空間情報の出現によって、地理情報科学は新たな革命を迎えているのかもしれません。

学問的には、地理情報科学の深化は、これまでにはなかった空間ビッグデータの出現と高性能でスマートなGIS技術によって、これまで見たことがない地図による可視化が、新たな知識の創出を導きます。その対象範囲は、地名などの地理空間情報を含むテキストや、絵画や写真、映像に含まれる景観などが地理空間情報と関連づけたデジタル人文学（Digital Humanities）、さらには、空間人文学（Spatial Humanities）や地理人文学（Geo Humanities）など、これまでデジタルとは最も遠かった人文学とも関連を持ちつつあります。

メディアの世界においては、インターネット上のさまざまな情報から真実に迫る「デジタルハンター」とも呼ばれる、オープンソース・

インベスティゲーション（公開情報調査）が、世界的な展開を見せています。そこでは、BBC やニューヨーク・タイムズ等のメディアと連携しながら、「いつ、どこで、何が」をインターネット上のデジタル情報、とりわけ地理空間情報を頼りに GIS などを駆使して、真実の究明が行われています。

データを情報に、情報を知識に、知識を知恵に変える

そして、データとデジタル技術を活用して、社会のニーズをもとに、あらゆるサービスやビジネスモデルを変革し、業務そのものや組織、プロセス、企業文化・風土を変革して競争上の優位性を確立するという、「デジタルトランスフォーメーション（DX）」が、国を挙げて推進されています。また、国連が定める国際目標である「SDGs（Sustainable Development Goals、持続可能な開発目標）」の実現に向けても、GIS をベースとするジオテクノロジーが果たす役割は大きなものがあります。

数年後、自動走行が実用化された社会において、地理空間情報を可視化する GIS は、データを情報に変えるだけでなく、情報を知識に、さらに知識を知恵に変える、社会を生き抜くための最も基本的なツールとなることが期待されます。

さくいん

参考文献

『地理情報システムの世界——GISで何ができるか』
　矢野桂司、ニュートンプレス、1999年
『デジタル地図を読む』
　矢野桂司、ナカニシヤ出版、2006年
『バーチャル京都——過去・現在・未来への旅』
　矢野桂司、中谷友樹、磯田弦編、ナカニシヤ出版、2007年
『ジオデザインのフレームワーク——デザインで環境を変革する』
　カール・スタイニッツ著、石川幹子、矢野桂司編訳、古今書院、2014年
『地理情報科学——GISスタンダード』
　浅見泰司、矢野桂司、貞広幸雄、湯田ミノリ編、古今書院、2015年

「ハーバード大学GSDのGISを用いた景観プランニング」
　矢野桂司、『ランドスケープ研究』(日本造園学会)64巻3号、P212-215、2001年
「ジオデモグラフィクスによる社会地区類型を活用した窃盗犯の発生要因に関する小地域分析」
　上杉昌也、樋野公宏、矢野桂司、『E-journal GEO』(日本地理学会)13巻1号、P11-23、2018年
「ジオデモグラフィクスを用いた教育水準の学校間格差の評価——大阪市を事例として」
　上杉昌也、矢野桂司、『人文地理』(人文地理学会)70巻2号、P253-271、2018年

「地方自治情報管理概要——電子自治体の推進状況(平成30年度)」総務省、2019年

写真提供

清水英範(東京大学名誉教授、日本測量協会会長)、
中谷友樹(東北大学大学院環境科学研究科教授)、
佐藤崇徳(沼津工業高等専門学校教養科教授)、
矢野桂司、国土地理院、国土交通省、内閣府宇宙開発戦略推進事務局、
静岡県小山町、兵庫県西宮市、西宮青年会議所、イタリア政府観光局、
ジャッグジャパン、日本地図センター、キャドセンター、ゼンリン、日立製作所、JX通信社、
Flightradar24、MarineTraffic、London School of Economics and Political Science、
The Center for Systems Science and Engineering (CSSE) at Johns Hopkins University
(順不同、敬称略)

著者略歴	矢野桂司　やの・けいじ
	1961年、兵庫県生まれ。東京都立大学大学院理学研究科博士課程中途退学。現在、立命館大学文学部教授。博士（理学）。日本学術会議会員。日本地理学会、人文地理学会、地理情報システム学会などに所属。地理情報システムを活用した人文地理学と学際的な地理情報科学を専門としている。著書に『地理情報システムの世界——GISで何ができるか』（ニュートンプレス）、『デジタル地図を読む』（ナカニシヤ出版）、『地理情報科学——GISスタンダード』（古今書院、共著）など。
イラスト・カバーデザイン	小林大吾（安田タイル工業）
紙面デザイン	阿部泰之

やさしく知りたい先端科学シリーズ8

GIS 地理情報システム　2021年8月20日　第1版第1刷発行

著　　者	矢野桂司
発 行 者	矢部敬一
発 行 所	株式会社 創元社
本　　社	〒541-0047 大阪市中央区淡路町4-3-6 電話 06-6231-9010（代）
東京支店	〒101-0051 東京都千代田区神田神保町1-2 田辺ビル 電話 03-6811-0662（代）
ホームページ	https://www.sogensha.co.jp/
印　　刷	図書印刷

本書の感想をお寄せください

投稿フォームはこちらから ▶ ▶ ▶

好評既刊

各巻：A5 判・並製・144〜192 ページ・定価 1,980 円（本体 1,800 円）